Python
程序员面试秘笈

[印]米努·科利（Meenu Kohli）著
宋格格 译

人民邮电出版社
北京

图书在版编目（CIP）数据

Python程序员面试秘笈 /（印）米努·科利 (Meenu Kohli) 著；宋格格译. -- 北京：人民邮电出版社，2020.9（2023.2重印）
ISBN 978-7-115-50261-2

Ⅰ. ①P… Ⅱ. ①米… ②宋… Ⅲ. ①软件工具—程序设计 Ⅳ. ①TP311.561

中国版本图书馆CIP数据核字(2020)第070118号

版权声明

PYTHON INTERVIEW QUESTIONS (9789388176743)
Original edition published by BPB Publications. Copyright © 2019 by BPB Publications. Simplified Chinese-language edition copyright © 2020 by POSTS & TELECOM PRESS. All rights reserved.

本书中文简体字版由印度BPB Publications授权人民邮电出版社有限公司出版。未经出版者书面许可，对本书任何部分不得以任何方式复制或抄袭。
版权所有，侵权必究。

- ◆ 著　　　[印] 米努·科利（Meenu Kohli）
  译　　　宋格格
  责任编辑　陈聪聪
  责任印制　王　郁　焦志炜
- ◆ 人民邮电出版社出版发行　北京市丰台区成寿寺路11号
  邮编　100164　电子邮件　315@ptpress.com.cn
  网址　https://www.ptpress.com.cn
  北京七彩京通数码快印有限公司印刷
- ◆ 开本：800×1000　1/16
  印张：13.5　　　　　　　　2020年9月第1版
  字数：297千字　　　　　　2023年2月北京第5次印刷
  著作权合同登记号　图字：01-2019-4799号

定价：59.00元
读者服务热线：(010)81055410　印装质量热线：(010)81055316
反盗版热线：(010)81055315
广告经营许可证：京东市监广登字20170147号

内容提要

本书由 Python 编程基础和 Python 数据结构与算法两部分构成。全书共分为 14 章，在对 Python 的相关主题进行简要介绍的同时，附加了考官或面试官可能提出的问题，这些问题按章节顺序排列，便于读者从简单的问题过渡到复杂的问题。

本书适合有一定 Python 编程基础的人阅读，Python 面试者、程序设计人员、Python 编程爱好者以及软件高校毕业生均能从本书中获益。

致谢

　　撰写本书对我来说是一次非常丰富的经历。在这里我要对 BPB 出版社表示感谢，感谢他们相信我的能力，并将这个重要的项目交给我负责。希望我写的每一本书都能够向你传授宝贵的知识。

　　如果没有最大的力量——来自家人的支持和鼓励，这本书是不可能完成的。

前言

Python 是一门在软件开发领域中极具影响力且发展迅速的语言，同时也是计算机科学相关专业的本科生课程的重要组成部分，因此，从事 Python 编程是一个不错的想法。

如果必须在较短的时间内准备面试，你可能会为此感到不知所措。根据我的个人经验，在课堂上学习编程语言和实际项目中的编程实现有很大的不同，因此，我致力于编写一本教材供学生和专业人士参考。

面试与学术科研有很大的不同。面试的考查内容除课本知识和实际理解外，解决问题的方法也是非常关键的。在面试过程中，将对问题的了解有效地传达给面试官是很重要的。

关于编程语言的面试可能比较复杂，因此拥有坚实的基础非常重要。一个技术性的面试从一个简单的讨论开始，然后面试官会从不同的主题中随机向你提问。因此，准备这样的面试最好遵循系统的方法。

本书的目的是帮助读者准备考试或面试，内容包含了考试或面试时可能出现的问题并给出了相应的解决方案。我已经在 Python 上编译了书中的程序，就像我自己为考试或面试做准备一样。充分的准备往往会获得令人更为满意的结果，特别是对于准备考试或面试第一份工作的学生来说，希望本书能够帮助你取得好的成绩。

本书分为两部分，结构如下。

第一部分　Python 编程基础

- 第 1 章　Python 简介
- 第 2 章　数据类型与内置函数
- 第 3 章　Python 中的运算符
- 第 4 章　决策与循环
- 第 5 章　用户自定义函数
- 第 6 章　类和继承
- 第 7 章　文件

第二部分　Python 数据结构与算法

- 第 8 章　算法分析与大 O 符号

- 第 9 章　基于数组的序列
- 第 10 章　栈、队列和双端队列
- 第 11 章　链表
- 第 12 章　递归
- 第 13 章　树
- 第 14 章　搜索和排序

本书中的内容是以非常系统的方式组织的，分为两部分：Python 编程基础和 Python 数据结构与算法。即使你擅长编程，我也建议你不要轻视第一部分。在任何阶段，编程基础中的一个小错误也是不可接受的，因此我们必须重视基础知识。再次声明，文中内容是按照特定顺序组织的，为每个主题提供突出的要点，然后列举与主题相关的各种类型的问题及解决方案。

第二部分也是非常重要的。为了帮助你更好地理解主题，本书提供了逐步的逻辑解释。章节内容从简单主题逐渐演变到复杂主题，方便你理解和掌握。

动手编写实现代码对更好地理解题目十分重要，因此本书要求你能编程实现文中所有的练习。只有独立解决问题，你才能在面试中有效地解释解决问题的逻辑。在准备 Python 面试时，只需要关注题目，其他的都不重要。一个好的面试官绝不会错过一个好的程序员。

这本书不仅能够使你对 Python 编程基础有更好的理解，还介绍了相关的具体应用。书中使用简单的语言来介绍，目标是解释每个概念背后的逻辑。不管是学生还是专业人士都将从这本书中受益匪浅。

在一次 Python 编程面试中，你的基础知识、逻辑推理和问题解决技能，如何看待问题、分析问题和代码实现都是可能测试的内容。

资源与支持

本书由异步社区出品，社区（https://www.epubit.com/）为您提供相关资源和后续服务。

提交勘误

作者和编辑尽最大努力来确保书中内容的准确性，但难免会存在疏漏。欢迎您将发现的问题反馈给我们，帮助我们提升图书的质量。

当您发现错误时，请登录异步社区，按书名搜索，进入本书页面，点击"提交勘误"，输入勘误信息，点击"提交"按钮即可。本书的作者和编辑会对您提交的勘误进行审核，确认并接受后，您将获赠异步社区的 100 积分。积分可用于在异步社区兑换优惠券、样书或奖品。

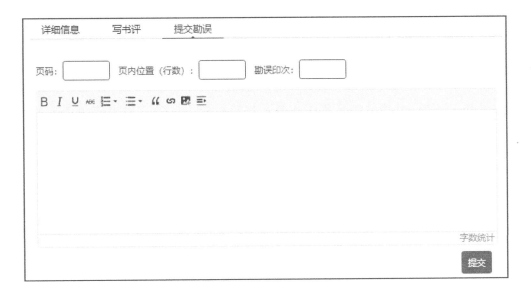

扫码关注本书

扫描下方二维码，您将会在异步社区微信服务号中看到本书信息及相关的服务提示。

与我们联系

我们的联系邮箱是 contact@epubit.com.cn。

如果您对本书有任何疑问或建议，请您发邮件给我们，并请在邮件标题中注明本书书名，以便我们更高效地做出反馈。

如果您有兴趣出版图书、录制教学视频，或者参与图书翻译、技术审校等工作，可以发邮件给我们；有意出版图书的作者也可以到异步社区在线提交投稿（直接访问 www.epubit.com/selfpublish/submission 即可）。

如果您是学校、培训机构或企业，想批量购买本书或异步社区出版的其他图书，也可以发邮件给我们。

如果您在网上发现有针对异步社区出品图书的各种形式的盗版行为，包括对图书全部或部分内容的非授权传播，请您将怀疑有侵权行为的链接发邮件给我们。您的这一举动是对作者权益的保护，也是我们持续为您提供有价值的内容的动力之源。

关于异步社区和异步图书

"**异步社区**"是人民邮电出版社旗下 IT 专业图书社区，致力于出版精品 IT 技术图书和相关学习产品，为作译者提供优质出版服务。异步社区创办于 2015 年 8 月，提供大量精品 IT 技术图书和电子书，以及高品质技术文章和视频课程。更多详情请访问异步社区官网 https://www.epubit.com。

"**异步图书**"是由异步社区编辑团队策划出版的精品 IT 专业图书的品牌，依托于人民邮电出版社近 30 年的计算机图书出版积累和专业编辑团队，相关图书在封面上印有异步图书的 LOGO。异步图书的出版领域包括软件开发、大数据、AI、测试、前端、网络技术等。

异步社区

微信服务号

目录

第一部分 Python 编程基础

第 1 章 Python 简介 ········· 2
第 2 章 数据类型与内置函数 ········· 14
    2.1 数字 ········· 15
    2.2 关键字、标识符和变量 ········· 19
    2.3 字符串 ········· 22
    2.4 列表 ········· 33
    2.5 元组 ········· 38
    2.6 字典 ········· 42
    2.7 集合 ········· 47
第 3 章 Python 中的运算符 ········· 50
第 4 章 决策与循环 ········· 60
    4.1 控制语句 ········· 60
    4.2 控制循环语句 ········· 63
第 5 章 用户自定义函数 ········· 67
第 6 章 类和继承 ········· 79
第 7 章 文件 ········· 87

第二部分 Python 数据结构与算法

第 8 章 算法分析与大 O 符号 ········· 92
    8.1 算法 ········· 92

8.2　大 O 符号 ·· 93
第 9 章　基于数组的序列 ··· 102
第 10 章　栈、队列和双端队列 ··· 114
　　10.1　栈 ··· 114
　　10.2　队列 ·· 120
　　10.3　双端队列 ·· 127
第 11 章　链表 ·· 129
第 12 章　递归 ·· 146
第 13 章　树 ··· 154
第 14 章　搜索和排序 ··· 179
　　14.1　顺序搜索 ·· 179
　　14.2　冒泡排序 ·· 193
　　14.3　插入排序 ·· 195
　　14.4　希尔排序 ·· 198
　　14.5　快速排序 ·· 201

第一部分

Python 编程基础

- 第1章 Python 简介
- 第2章 数据类型与内置函数
- 第3章 Python 中的运算符
- 第4章 决策与循环
- 第5章 用户自定义函数
- 第6章 类和继承
- 第7章 文件

第 1 章　Python 简介

Python
- Python 是一种非常流行的编程语言，它是一种交互式的面向对象程序设计语言。
- Python 是一种免费、开源的编程语言，同时拥有大量志愿者对其不断进行完善改进。这也是其目前成为主流编程语言的主要原因。
- Python 包含库。通过这些库，程序员可以在短时间内构建出功能强大的代码。
- Python 是一种非常简单、强大且通用的计算机程序设计语言。
- Python 易于学习和实现。
- 知名企业正在使用 Python 构建自己的网站，如下方所示的一些用 Python 构建的知名网站：
    - Google
    - Quora
    - Yahoo!
    - Instagram
    - Survey Monkey
    - YouTube
    - Dropbox
    - Reddit
    - Spotify
    - Bitly
- Python 编程语言流行的主要原因是代码简单。
- 你不需要任何技能就可以学习 Python。

问题：Python 能用来做什么？
回答：通过 Python 编程可以实现任何功能，没有限制。
- Python 可用于实现小型或大型、在线或离线的应用程序。
- 与其他语言相比，开发人员可以使用更少的代码进行编程。
- 由于 Python 拥有一个动态系统和一种强大的功能——自动内存管理，因此它被广泛地用于开发 Web 应用程序。
- 一些非常著名的 Python 框架：Pyramid、Django 和 Flask。
- Python 也可用于简单的脚本编写、科学建模和大数据应用。
- Python 是多个数据科学家的首选。
- Python 拥有的库也是其在这个领域非常流行的主要原因，例如 NumPy、Pandas 数据可视化库（Matplotlib 和 Seaborn）。

- Python 也拥有一些用于实现机器学习算法的库，例如 Scikit-Learn、NLTK 和 TensorFlow。
- 可以使用 PyGame 模块来创建视频游戏，这些应用程序可以在 Android 设备上运行。
- Python 可用于网络数据采集。
- Selenium 和 Python 可用于打开浏览器或者在 Facebook 上发布状态。
- Tkinter 和 PyQt 等模块可以用来构建一个 GUI 桌面应用程序。

问题：为什么 Python 被认为是一种高度通用的编程语言？

回答：由于 Python 支持多种编程模式，因此它被认为是一种高度通用的编程语言。它支持以下几种编程模式。

- 面向对象（Object-Oriented Programming，OOP）。
- 函数式（functional）。
- 命令式（imperative）。
- 面向过程（procedural）。

问题：与其他编程语言相比，选择 Python 编程语言有什么好处？

回答：Python 编程语言相比于其他编程语言，其优势如下。

- 扩展 C 和 C++。
- 本质上是动态的。
- 易学易用。
- 存在第三方操作模块。顾名思义，第三方模块是由第三方编写的。虽然并不是由你或者是 Python 编程人员进行开发，但是你可以使用这些模块向你的代码中添加功能。

问题："Python 是一种解释型语言"这种说法是什么意思？

回答：当我们说 Python 是一种解释型语言时，这意味着 Python 代码在执行之前没有被编译。用 Java 等编译语言编写的代码可以直接在处理器上执行，这是因为代码在运行之前被编译，并且在程序执行时代码可以转换为计算机能够理解的机器语言的形式。这与 Python 不同，Python 是在执行程序时，将代码转换为计算机能够理解的机器语言，而非在程序运行之前。

问题：你听说过其他的解释型语言吗？

回答：一些常用的解释型语言如下。

- Python。
- Pearl。
- JavaScript。
- PostScript。
- PHP。

- PowerShell。

问题：Python 是动态类型的吗？

回答：是的。由于在 Python 代码中，声明变量时不需要指定变量的类型，因此 Python 是动态类型的。在执行代码之前，变量的类型是未知的。

问题：Python 是一种高级编程语言吗？高级编程语言的需求是什么？

回答：高级编程语言是机器和人类之间的桥梁。直接用机器语言编码可能是一个非常耗时和烦琐的过程，而且它肯定会限制开发人员实现他们的目标。而像 Python、Java、C++等高级编程语言则很容易理解，它们是开发人员用于高级程序设计的工具。高级编程语言允许开发人员编写复杂代码，然后将其转换为机器语言以便计算机能够理解需要做什么。

问题：Python 可以很容易地与 C、C++、COM、ActiveX、CORBA 和 Java 进行集成吗？

回答：可以。

问题：在 Python 中，有哪些不同的编程模式？

回答：Python 有两种编程模式。
- 交互式编程：我们调用解释器而不传递任何脚本或 Python 文件。可以先启动 Python 命令行解释器或 IDLE 的 Python Shell，然后开始传递指令并获得即时结果。
- 脚本式编程：将代码保存在 Python 文件中。执行脚本时将调用解释器，并且只要脚本运行，解释器就处于活动状态。一旦执行完脚本中的所有指令，解释器就不再处于活动状态。

问题：Java 和 Python 之间的比较。

回答：
- **Java 是编译型语言，而 Python 是解释型语言**。Java 和 Python 会在虚拟机上被编译成字节码格式。不同的是，Python 会在程序运行时自动编译，而 Java 则是通过单独的程序——javac 来完成这项任务。这也意味着，如果速度是项目中的主要关注点，那么 Java 可能比 Python 占有优势，但是我们并不能因此否认 Python 的快速开发能力。
- **Java 是静态类型语言，而 Python 是动态类型语言**。用 Python 进行编码时，不需要声明变量的类型。这使 Python 易于编写和阅读，但也很难进行分析。开发人员能够更快地编写代码，并且可以用更少的代码完成任务。在 Python 中开发应用程序比 Java 要快得多，然而 Java 的静态类型系统使它不太容易出现错误。
- **编写风格**。Java 和 Python 遵循不同的编写风格。Java 封装了大括号中的所有内容，而 Python 则保持代码整洁和可读的缩进，同时缩进也决定了代码的执行过程。
- **Java 和 Python 都是高效的语言**。Java 和 Python 都被广泛用于 Web 开发框架。开发人员可以创建能够处理高流量的复杂应用程序。
- **Java 和 Python 都具有强大的社区和库支持**。两种语言都是开源语言,它们具有为语言提供支持和贡献的社区,而且几乎任何功能都可以很容易地找到一个库。
- **Python 可以更好地节省预算**。由于 Python 是动态类型的,它使开发成为一个快速的过程,因此开发人员可以在很短的时间内开发应用程序,从而降低开发成本。
- **Java 是移动开发中更优选的语言**。Android 应用程序主要是使用 Java 和 XML 完成开发的。但是,也有类似 Kivy 的库可以与 Python 代码一起使用,使其与 Android 开发兼容。
- **Python 是机器学习、物联网、道德黑客、数据分析和人工智能的首选**。Python 有非常专业的库和广泛的适用性,因此它已经成为偏向于深度学习、机器学习和图像识别项目的首选。
- **Java 和 Python 都支持面向对象编程**。
- **Java 中的代码行(Line of Code,LOC)多于 Python**。通过下面的代码,来看一下如何在 Java 中打印简单的 *Hello World*。

```
public class HelloWorld
{
    public static void main(String[] args)
    {
        System.out.println("Hello World");
    }
}
```

然而在 Python 中只需要写一行代码即可。

```
print("Hello World")
```

- **与 Python 相比,Java 更难学习**。Python 是以易于学习为核心而开发的。
- **Java 与数据库的连通性更强**。Java 的数据库访问层非常强大,几乎与任何数据库兼容,而 Python 的数据库连接不如 Java 强大。
- **安全性**。Java 对安全性给予高度重视,这也使其成为开发安全性应用程序的首选语言。但是对于优秀的开发人员来说,也可以在 Python 中编写安全应用程序。

问题:安装 Python 后如何开始执行代码?
回答:安装 Python 之后,有 3 种方法可以开始执行代码。
- 可以从命令行启动交互式解释器,并在>>>提示后开始编写指令。
- 如果打算编写多行代码,那么用.py 扩展名保存文件或脚本是明智的决定,可以从命令行执行这些文件。多行程序也可以在交互式解释器上执行,但不能保存程序。
- Python 有自己的 GUI 环境,称为集成开发环境(Integrated Development Environment,IDLE)。IDLE 能够自动缩进并以不同的颜色突出显示不同的关键字,因此其能够帮助开发人员更快地编写代码。它还提供了一个具有两个窗口的交互环境:Shell 提供了交互式环境，而编辑器则允许在执行代码之前保存脚本。

问题：交互式 Shell 的功能是什么？

回答： 交互式 Shell 位于用户发出的命令和操作系统执行的命令之间。它允许用户使用简单的 Shell 命令，而不必担心操作系统复杂的基本功能。同时，这还可以保护操作系统，避免因为错误使用造成系统功能的破坏。

问题：如何退出交互模式？

回答： 可以使用 Ctrl+D 组合键或者 exit() 退出交互模式。

问题：Python 使用哪个字符集？

回答： Python 使用传统的 ASCII 字符集。

问题：在 Python 中缩进的目的是什么？

回答： 缩进是 Python 的显著特性之一。虽然在其他编程语言中，开发人员使用缩进来保持代码的整洁，但对于 Python 而言，需要缩进来标记一个块的开始或者帮助了解代码属于哪个块，如图 1.1 所示。定义函数、条件语句或循环均需要用到代码中的块。Python 中并没有使用大括号来标记代码块，而是通过正确使用空格来标记。

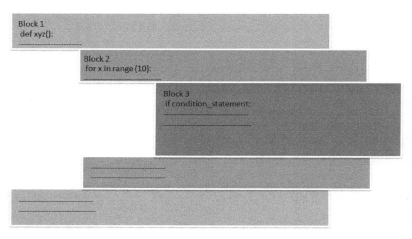

图 1.1

注：

- 块的第一行始终以冒号（:）结尾。
- 块的第一行以下的代码均需进行缩进。图 1.1 描述了缩进块的场景。
- 开发人员通常使用四个空格作为第一层，八个空格作为嵌套块，依此类推。

问题：解释 Python 中的内存管理。

回答： 为了能够保留部分或全部的计算机内存来执行程序和进程，内存管理是必需的。

这种提供内存的方法称为内存分配。此外，当不再需要某一部分数据时，必须将其占用的内存清除。内存管理知识有助于开发人员开发高效的代码。

Python 利用它的私有堆空间进行内存管理。Python 中的所有对象结构都位于这个私有堆中（程序员无法访问）。Python 的内存管理器确保将堆空间合理地分配给对象和数据结构。Python 中内置的垃圾回收机制能够回收未使用的内存，以便在堆空间中可用。

Python 中的一切都是对象。Python 有不同类型的对象，例如，由数字和字符串组成的简单对象，以及容器对象（如 dict、list 和用户定义的类）。这些对象可以通过标识符-名称访问。现在，我们来看一下它是如何运作的。

假设我们将数值 5 赋给变量 **a**：**a=5**，如图 1.2 所示。这里，5 是内存中的整数对象，**a** 引用了该整数对象。

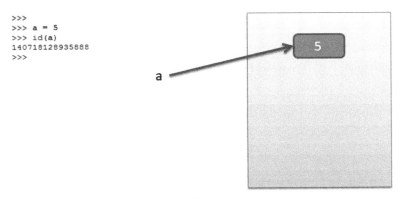

图 1.2

在图 1.2 中，**id()** 函数提供了唯一的标识号——在对象的生命周期内保持唯一与恒定的整数值。两个生命周期不重叠的对象可能具有相同的 **id()** 值。

对于整数对象 5 而言，其 **id** 值是 140718128935888。现在我们将相同的数值 5 赋给变量 **b**。我们可以在图 1.3 中看到，**a** 和 **b** 都引用了相同的对象。

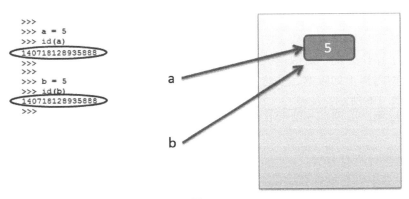

图 1.3

现在，执行如下操作：**c=b**。这意味着，**c** 也将引用同一个对象，如图 1.4 所示。

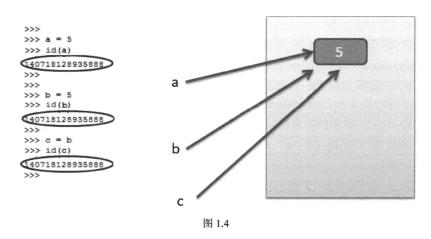

图 1.4

现在，假设执行如下操作：**a=a+1**。这意味着现在 **a** 的值等于 6，指向的是另一个对象，如图 1.5 所示。

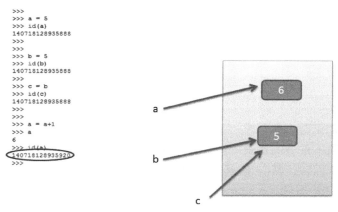

图 1.5

每一条指令都会涉及一定数量的内存组织。底层操作系统为每个操作分配一定数量的内存，Python 解释器根据不同的因素（如版本、平台和环境）获得其内存份额，如图 1.6 所示。

分配给解释器的内存分为以下几部分。

- 栈内存。
a）在这里执行所有方法。
b）在栈内存中创建堆内存中的对象引用。
- 堆内存。

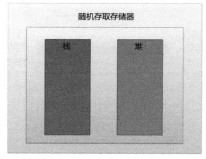

图 1.6

在堆内存中创建对象。

现在，我们通过下面的例子来看一下内存是如何工作的，请看下面的代码。

```
def function1(x):
    value1 = (x + 5)* 2
    value2 = function2(value1)
    return value2
def function2(x):
    x = (x*10)+5
    return x
x = 5
final_value = function1(x)
print("Final value =", final_value)
```

现在，让我们看一看代码是如何工作的。程序的执行从主程序开始，在本例中主程序如下。

```
x = 5
final_value = function1(x)
print("Final value = ", final_value)
```

步骤1 执行 **x=5**。

这将在堆内存中创建整数对象5，并在主栈内存中创建此对象的引用 **x**，如图1.7所示。

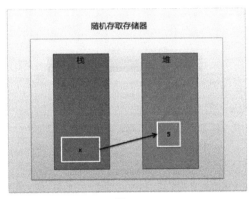

图 1.7

步骤2 执行 **final_value= function1(x)**。

此语句调用 **function1()** 函数，代码如下。

```
def function1(x):
    value1 = (x + 5)* 2
    value2 = function2(value1)
    return value2
```

为了执行函数 **function1()**，在内存中添加了一个新的栈帧。在执行 **function1()** 之前，保持数值5的引用 **x** 的下栈帧，将整型数值5作为参数传递给此函数，如图1.8所示。

现在，*value1* = *(x+5)* * *2* = *(5+5)*2* = *10*2* = *20*，如图1.9所示。

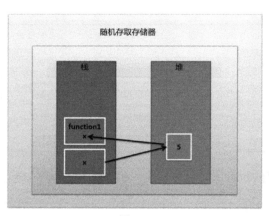
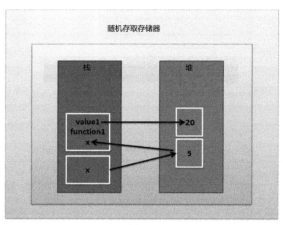

图1.8　　　　　　　　　　　　图1.9

function1()将数值20赋给 **value1**。

接下来的步骤是 **value2= function2(value1)**，这里调用 **function2()** 来计算需要传递给 **value2** 的值。为了实现这一点，Python将创建另一个栈内存。将数值为20的整数对象 **value1** 作为引用传递给 **function2**，如图1.10所示。

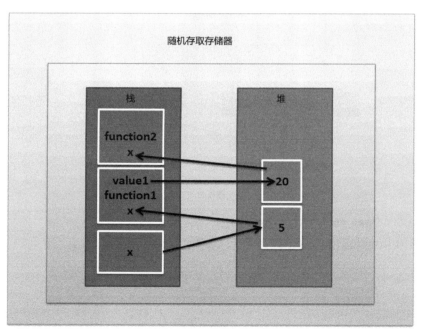

图1.10

```
def function2(x):
```

```
x = (x*10)+5
return x
```

函数 function2()计算以下表达式并返回值,如图 1.11 所示。

$x = (x*10)+5$

$x = (20*10)+5 = (200)+5 = 205$

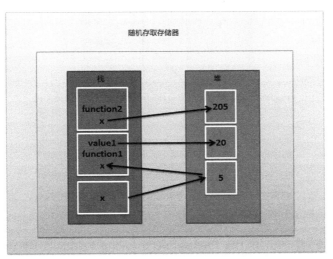

图 1.11

函数 function2()已完全执行,并且将数值 205 分配给 function1 中的 value2。现在 function2()的栈内存被移除,如图 1.12 所示。

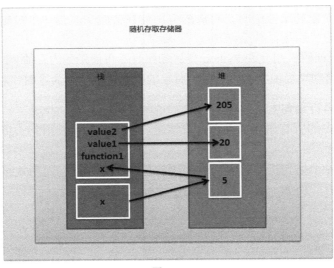

图 1.12

现在函数 function1()将返回值 205，并将其分配给主栈内存中的 **final_value**，如图 1.13 所示。

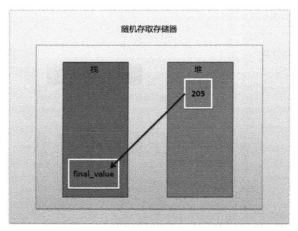

图 1.13

这里需要注意的是，**x** 存于主函数中，同时也存于不同的函数中，由于每个 **x** 都在不同的栈内存中，因此这些值不会相互干扰。

问题：解释 Python 中的引用计数（reference counting）和垃圾回收（garbage collection）。

回答：与 C/C++不同的是，Python 通过引用计数和垃圾回收机制来实现内存的自动分配和释放。

顾名思义，引用计数来计算程序中一个对象被其他对象引用的次数。每当一个对象的引用被消除时，引用计数将减去 1。一旦引用计数变为零，对象就会被释放。当删除一个对象、重新分配引用或者对象超出范围时，对象的引用计数会减少。当一个对象被分配一个名称或放置在一个容器中时，引用计数会增加。

另一方面，垃圾回收机制允许 Python 释放和回收不再使用的内存块。这一过程是定期进行的。在程序执行时启动垃圾回收器，当一个对象的引用计数减少为零时，将触发垃圾回收器。

问题：什么是多行语句？

回答：Python 中的所有语句都以换行符结尾。如果有一个长语句，那么最好使用续行符（\）将它扩展到多行。

当我们尝试将一个语句拆分为多行时使用的是显式续行符，而隐式续行符常用于将括号和大括号拆分为多行。例如，对于多行语句使用续行符。

显式续行符代码如下。

```
>>> first_num = 54
>>> second_num = 879
>>> third_num = 876
>>> total = first_num +\
```

```
                    second_num+\
                    third_num
>>> total
1809
>>>
```

隐式续行符代码如下。

```
>>> weeks=['Sunday',
           'Monday',
           'Tuesday',
           'Wednesday',
           'Thursday',
           'Friday',
           'Saturday']
>>> weeks
['Sunday', 'Monday', 'Tuesday', 'Wednesday',
'Thursdy', 'Friday', 'Saturday']
>>>
```

问题：Python 中的错误消息有哪些类型？

回答： 在使用 Python 时，可以看到语法错误（Syntax-error）和运行时错误（Run-time errors）。语法错误是解释器读取程序时遇到的静态错误。如果代码中有任何错误，那么解释器将显示一条语法错误消息，程序不会执行。

顾名思义，运行时错误是动态错误，它们是在程序执行时检测到的。对于此类错误可能需要更改程序设计，例如内存不足、分母为零等。

问题：Python 的 IDLE 环境有哪些优点？

回答： Python 的 IDLE 环境有以下优点。

- Python 的交互模式。
- 用于编写和运行程序的工具。
- 提供可用于处理脚本的文本编辑器。

问题：什么是注释？

回答： 注释是一个或多个语句，用于提供程序中一段代码的文档或信息。在 Python 中，一行注释以#开头。

问题：Python 是区分大小写的编程语言吗？

回答： 是的。

第 2 章 数据类型与内置函数

> **Python** 中的数据类型如下。
> **数字（number）**：整型（int）、浮点型（float）和复数（complex）。
> **字符串（string）**：字符序列。
> **列表（list）**：有序的元素序列。
> **元组（tuple）**：有序的元素序列。与列表类似，不同之处在于元组的元素不能修改。
> **字典（dictionary）**：无序的键-值对集合。
> **集合（set）**：无序不重复元素集。

问题：可变对象和不可变对象之间的区别是什么？

回答：可变对象和不可变对象之间的区别如表 2.1 所示。

表 2.1

可变对象	不可变对象
可以改变它们的状态或内容	无法更改其状态或内容
类型：列表、字典和集合	类型：整型、浮点型、布尔型、字符串、Unicode 和元组
易于更改	快速访问，进行更改时需要创建副本
定制容器（如定制容器类型）大多数是可变的	原始参数（如数据类型）是不可变的

- 当需要更改对象的大小或内容时，建议使用可变对象。
- 不可变对象的特例：元组是不可变的，但可能包含可变的元素。

问题：Python 中的变量是什么？

回答：Python 中的变量是存储在内存中的值。每当创建变量时，内存中都会保留一些空间。根据变量的数据类型，解释器将分配内存，并决定应该在内存中存储什么。

```
>>> a = 9 #为a指派一个数值
>>> type(a)  #检测变量a的类型
<class 'int'>
>>>
```

问题：我们如何在一次执行中为多个变量分配相同的值？

回答：我们可以在一次执行中将同一个值分配给多个变量，代码如下。

```
>>> a = b = c = "Hello World!!!"
>>> a
'Hello World!!!'
>>> b
'Hello World!!!'
>>> c
'Hello World!!!'
>>>
```

2.1 数字

Python 支持的数字类型如下。
- 有符号整型（int）：可以是正整数或负整数，不带小数点。
- 长整型（long）：无限大小的整数，整数最后跟一个大写或小写的字母 L。
- 浮点数（float）：是带小数点的实数。
- 复数（complex）：由实数部分和虚数部分组成。

问题：将数字从一种类型转换为另一种类型的方法有哪些？

回答：下方函数可将数字从一种形式转换为另一种形式。

```
#转换为整型（int）
a = 87.8
print("a = ",a)
print("*****************")
#转换为整型后
print("转换为整型后 a 的值为 a = ", int(a))
print("*****************")
#转换为浮点型（float）
a = 87
print("a =",a)
print("*****************")
#转换为浮点型后
print("转换为浮点后 a 的值为 a =", float(a))
print("*****************")
#转换为复数（complex）
a = 87
print("a =",a)
#转换为复数后
print("转换为复数后 a 的值为 a=", complex(a))
print("*****************")
```

输出结果如下。

```
a = 87.8
*****************
转换为整型后 a 的值为 a = 87
*****************
```

```
a = 87
*******************
转换为浮点后 a 的值为 a = 87.0
*******************
a = 87
转换为复数后 a 的值为 a = (87+0j)
*******************
>>>
```

问题：在 Python 中定义的用于数字的数学函数是什么？

回答：**math** 模块中定义了数学函数，必须导入此模块才能使用这些函数。

```
import math
#向上取整
a = -52.3
print (a, "向上取整的值是", math.ceil(a))
print("*********************")
#指数值
a = 2
print(a , "的指数值是",math.exp(2))
print("*********************")
#绝对值
a = -98.4
print (a, "的绝对值是",abs(a))
print("*********************")
#向下取整
a = -98.4
print (a, "向下取整的值是", math.floor(a))
print("*********************")
# 以 e 为低的对数值
a = 10
print (a, "以 e 为底的对数值是", math.log(a))
print("*********************")
# 以 10 为底的对数值
a = 56
print (a, "以 10 为底的对数值是",math.log10(a))
print("*********************")
# 次方值，pow(x,y) 表示返回 x 的 y 次方
a = 2
b = 3
print (a,"的",b,"次方值是",math.pow(2,3))
print("*********************")
# 数值的平方根
a = 25
print("平方根")
print (a, "的平方根是", math.sqrt(25))
print("*********************")
```

输出结果如下。

```
-52.3 向上取整的值是-52
*********************
2 的指数值是 7.38905609893065
*********************
-98.4 的绝对值是 98.4
*********************
```

```
-98.4 向下取整的值是-99
********************
10 以 e 为底的对数值是 2.302585092994046
********************
56 以 10 为底的对数值是 1.7481880270062005
********************
2 的 3 次方值是 8.0
********************
平方根
25 的平方根是 5.0
********************
```

问题： 有哪些函数可以生成随机数？

回答： 要生成随机数，必须导入 **random** 模块，可以使用以下函数。

```
import random
#随机选择
print ("随机选择")
seq=[8,3,5,2,1,90,45,23,12,54]
print ("从"seq,"中随机选择",random.choice(seq))
print("********************")
#从指定范围内，按指定基数递增的集合中获取一个随机数
print ("在 1~10 中随机生成一个数: ",random.randrange(1, 10))
print("********************")
#生成一个 0~1 的随机浮点数
print ("在 0~1 中随机展示一个浮点数: ",random.random())
print("* * * * * *")
#将一个列表或者元组中的元素打乱
seq=[1,32,14,65,6,75]
print("打乱序列",seq,"生成新的序列: ",random.shuffle(seq))
#生成一个指定范围内的随机浮点数
print ("在 65~71 中随机展示一个浮点数: ",random.uniform(65,71))
```

输出结果如下。

```
随机选择
从 [8, 3, 5, 2, 1, 90, 45, 23, 12, 54] 中随机选择 :  2
********************
在 1~10 中随机生成一个数 :  8
********************
在 0~1 中随机展示一个浮点数 :  0.3339711273144338
* * * * * *
打乱序列 [1, 32, 14, 75, 65, 6] 生成新的序列 : None
在 65~71 中随机展示一个浮点数 : 65.9247420528493
```

问题： math 模块中定义的三角函数是什么？

回答： **math** 模块中定义的一些三角函数如下。

```
import math
# 计算数字的反正切弧度值
print ("atan(0) : ",math.atan(0))
print("**************")
```

```
# 数字的余弦
print ("cos(90) : ",math.cos(0))
print("***************")
# 计算欧几里得范数
print ("hypot(3,6) : ",math.hypot(3,6))
print("***************")
# 数字的正弦
print ("sin(0) : ", math.sin(0))
print("***************")
# 数字的正切
print ("tan(0) : ",math.tan(0))
print("***************")
# 将弧度转换为角度
print ("degrees(0.45) : ",math.degrees(0.45))
print("***************")
# 将角度转换为弧度
print ("radians(0) : ",math.radians(0))
```

问题：Python 中的数字数据类型是什么？

回答：数字数据类型是用于存储数值的数据类型，例如以下几种。

- 整型。
- 长整型。
- 浮点型。
- 复数。

每当为变量分配一个数字时，它就会变成数字数据类型，代码如下。

```
>>> a = 1
>>> b = -1
>>> c = 1.1
>>> type(a)
<class 'int'>
>>> type(b)
<class 'int'>
>>> type(c)
<class 'float'>
```

问题：如何将浮点型数字 12.6 转换为整型数字？

回答：可以通过调用 **int()** 函数将浮点型数字转换为整型数字，代码如下。

```
>>> a =12.6
>>> type(a)
<class 'float'>
>>> int(a)
12
>>>
```

问题：如何删除对变量的引用？

回答：可以使用 **del+关键词**来删除对一个对象的引用，代码如下。

```
>>> a=5
>>> a
5
>>> del a
>>> a
Traceback (most recent call last):
  File "<pyshell#3>", line 1, in <module>
    a
NameError: name 'a' is not defined
>>>
```

问题：如何将实数转换为复数？
回答： 使用下方代码可以将实数转换成复数。

```
>>> a = 7
>>> b = -8
>>> x = complex(a,b)

>>> x.real
7.0
>>> x.imag
-8.0
>>>
```

2.2 关键字、标识符和变量

1. 关键词（Keyword）
- 关键字也称为保留字。
- 这些关键字不能用作任何变量、类或函数的名称。
- 关键字都是小写字母。
- 关键字构成了 Python 中的词汇表。
- Python 中共有 33 个关键字。
- 在 Python Shell 中键入 **help()**，将出现 **help>prompt**，然后键入 **keywords**，这将显示 Python 中的所有关键字。图 2.1 中已将关键字列表突出显示。

2. 标识符（identifier）
- Python 标识符是为变量、函数或类指定的名称。
- 顾名思义，标识符为变量、函数或类提供标识。
- 标识符可以以大/小写字母或下划线开头，后跟字母和数字。
- 标识符不能以数字开头。
- 标识符只能由字母、数字和下划线组成。
- @、%、!、#、$和 . 等特殊字符不能作为标识符名称的一部分。
- 根据命名约定，类名通常以大写字母开头，程序中的其余标识符应该以小写字母开头。

```
Welcome to Python 3.7's help utility!

If this is your first time using Python, you should definitely check out
the tutorial on the Internet at https://docs.python.org/3.7/tutorial/.

Enter the name of any module, keyword, or topic to get help on writing
Python programs and using Python modules.  To quit this help utility and
return to the interpreter, just type "quit".

To get a list of available modules, keywords, symbols, or topics, type
"modules", "keywords", "symbols", or "topics".  Each module also comes
with a one-line summary of what it does; to list the modules whose name
or summary contain a given string such as "spam", type "modules spam".

help> keywords

Here is a list of the Python keywords.  Enter any keyword to get more help.

False               class               from                or
None                continue            global              pass
True                def                 if                  raise
and                 del                 import              return
as                  elif                in                  try
assert              else                is                  while
async               except              lambda              with
await               finally             nonlocal            yield
break               for                 not

help>
```

图 2.1

- 如果标识符名称以单个下划线开头，则表示它是私有的；如果标识符名称以双下划线开头，则表示它是强私有的。
- 标识符中应避免使用下划线作为前导或尾随字符，因为 Python 内置类型将遵循此符号。
- 如果标识符有两个尾随下划线，则表示它是 Python 定义的特殊名称。
- 虽然据说 Python 标识符可以无限长，但如果名称超过 79 个字符，则违反了 PEP-8 标准，该标准要求所有行的长度不能超过 79 个字符。

我们可以通过调用 **iskeywords()** 函数来检查标识符是否有效，代码如下。

```
>>> import keyword
>>> keyword.iskeyword("if")
True
>>> keyword.iskeyword("only")
False
```

3. 变量（Variable）
- 变量只不过是存储数值的内存位置的标签。
- 顾名思义，变量的值可以改变。
- 在 Python 中不需要声明变量，但在使用之前必须对其进行初始化，例如 **counter=0**。
- 当我们传递一个指令 **counter=0** 时，它会创建一个对象，并为其分配一个值 0。如果变量 **counter** 已经存在，那么它将被分配一个新值 0；如果它不存在，那么它将被创建。
- 通过赋值可以在变量和对象之间建立关联。

- **counter=0** 表示变量 **counter** 在内存中引用的值为 0。如果给 **counter** 分配一个新值，那么这意味着变量将引用一个新的内存块，旧的数值会被垃圾回收。

```
>>> counter = 0
>>> id(counter)
140720960549680
>>> counter =10
>>> id(counter)
140720960550000
>>>
```

问题：token 是什么？

回答：token 是 Python 中最小的程序单元。Python 中有 4 种类型的 token。
- 关键字。
- 标识符。
- 常量。
- 运算符。

问题：常量是什么？

回答：常量是在执行程序时不会更改的值。

问题：解释一下 2*4**2 的输出是什么？

回答：**的优先级高于*。因此，表达式将先计算 4**2。输出值为 32，因为 4**2=16 和 2*16=32。

问题：以下表达式的输出是什么？

```
print('{0:.4}'.format(7.0 / 3))
```

回答：2.333。

问题：以下表达式的输出是什么？

```
print('{0:.4%}'.format(1 / 3))
```

回答：33.3333%。

问题：下列表达式的值是多少？

~5

~~5

~~~5

回答：~x=-(x+1)。因此，给定表达式的输出如下。

-6
5
-6

现在来看一看 Python 中 3 种重要的序列类型，以下 3 个类型都表示按顺序排列的值的集合。
- 字符串（string）：不可变的文本字符序列。Python 中没有针对单个字符的特殊类，可以将字符视为长度为 1 的文本字符串。
- 列表（list）：列表在 Python 编程中被广泛使用，它可以表示任意对象的序列。列表是可变的。
- 元组（tuple）：元组在一定程度上类似于列表，但它是不可变的。

2.3 字符串

- 字符序列。
- 一旦定义，就不能更改或更新，因此字符串是不可变的。
- 可以使用 **replace()**、**join()** 等方法修改字符串变量。但是，当使用这些方法时，不会修改原始字符串，相反，Python 会创建一个字符串的副本，该副本将被修改并返回。

问题：如何定义字符串常量？
回答： 可以用单/双/三引号创建字符串，代码如下。

```
>>> a = "Hello World"
>>> b = 'Hi'
>>> type(a)
<class 'str'>
>>> type(b)
<class 'str'>
>>>
>>> c = """Once upon a time in a land far far away there lived a king"""
>>> type(c)
<class 'str'>
>>>
```

问题：如何实现字符串的连接？
回答： 可以使用以下方法实现字符串连接，代码如下。
- + 运算符。

```
>>> string1 = "Welcome"
>>> string2 = " to the world of Python!!!"
>>> string3 = string1 + string2
>>> string3
'Welcome to the world of Python!!!'
>>>
```

- **Join()函数。**

join()函数用于返回一个字符串元素由分隔符连接的字符串。使用 join()函数的语法如下。

```
string_name.join(sequence)
>>> string1 = "-"
>>> sequence = ("1","2","3","4")
>>> print(string1.join(sequence))
1-2-3-4
>>>
```

- **% 运算符。**

```
>>> string1 = "HI"
>>> string2 = "THERE"
>>> string3 = "%s %s" %(string1, string2)
>>> string3
'HI THERE'
>>>
```

- **format()函数。**

```
>>> string1 = "HI"
>>> string2 = "THERE"
>>> string3 = "{} {}".format(string1, string2)
>>> string3
'HI THERE'
>>>
```

- **f-string。**

```
>>> string1 = "HI"
>>> string2 = "THERE"
>>> string3 = f'{string1} {string2}'
>>> string3
'HI THERE'
>>>
```

问题：在 Python 中如何重复字符串？

回答：可以使用乘号*或使用 for 循环来重复字符串。

- 使用乘号来重复字符串。

```
>>> string1 = "Happy Birthday!!!"
>>> string1*3
'Happy Birthday!!!Happy Birthday!!!Happy Birthday!!!'
>>>
```

- **for** 循环用于字符串重复。

```
for x in range(0,3)

>>> for x in range(0,3):
print("HAPPY BIRTHDAY!!!")
```

问题：以下代码行的输出是什么？

```
>>> string1 = "HAPPY "
>>> string2 = "BIRTHDAY!!!"
>>> (string1 + string2)*3
```

回答：

```
'HAPPY BIRTHDAY!!!HAPPY BIRTHDAY!!!HAPPY BIRTHDAY!!!'
```

问题：将字符串"HAPPY"拆分成单个字符，最简单的方法是什么？

回答：可以按照以下代码进行。

```
>>> string1 = "HAPPY"
>>> a,b,c,d,e = string1
>>> a
'H'
>>> b
'A'
>>> c
'P'
>>> d
'P'
>>> e
'Y'
>>>
```

问题：下面的代码的结果如何？

```
>>> string1 = "HAPPY"
>>> a,b = string1
```

回答：此代码将生成一个错误：*too many values to unpack*，这是由于变量数与字符串中的字符数不匹配所造成的。

问题：如何访问字符串"HAPPY"的第四个字符？

回答：使用 Python 的类似数组的索引语法可以访问字符串中的任何字符。第一个元素的索引号为 0，因此第四个字符的索引号为 3。

```
>>> string1 = "HAPPY"
>>> string1[3]
'P'
```

问题：如果想从最右端开始计算字符串的字符数，您将使用什么索引值（假设不知道字符串的长度）？

回答：如果不知道字符串的长度，仍然可以使用索引号-1访问字符串最右边的字符。

```
>>> string1 = "Hello World!!!"
>>> string1[-1]
'!'
>>>
```

问题：程序员错误地创建了值为"HAPPU"的字符串 string1。他想改变最后一个字符的值，应该怎么做？

回答：字符串是不可变的，这意味着一旦创建了它们就不能修改，尝试修改字符串将生成一个错误。

```
>>> string1 = "HAPPU"
>>> string1[-1] = "Y"
Traceback (most recent call last):

  File "<pyshell#9>", line 1, in <module>

    string1[-1] = "Y"

TypeError: 'str' object does not support item assignment
```

但是，我们可以使用 **replace()** 函数解决这个问题。

```
>>> string1 = "HAPPU"
>>> string1.replace('U','Y')
'HAPPY'
```

在这里，**replace()** 函数将创建一个新字符串，并将该值重新分配给 **string1**。因此，**string1** 没有被修改，而是被替换了。

问题：字符串中哪个字符的索引号为-2？

回答：索引号为-2的字符是指字符串中的倒数第二个字符。

```
>>> string1 = "HAPPY"
>>> string1[-1]
'Y'
>>> string1[-2]
'P'
>>>
```

问题：下方代码的输出结果是什么？

```
>>> str1 = "\t\tHi\n"
>>> print(str1.strip())
```

回答：Hi

问题：解释字符串切片。

回答：如果知道位置和大小，则 Python 允许从字符串中提取一块字符，我们需要做的是指定起点和终点。下面的示例展示了如何实现这一过程。在本例中，尝试检索一个从索引 4 开始，到索引 7 结束的字符串块，不包括索引 7 处的字符。

```
>>> string1 = "HAPPY-BIRTHDAY!!!"
>>> string1[4:7]
'Y-B'
>>>
```

如果在上面的示例中省略了第一个索引位置，那么 Python 将认为第一个索引是默认值 0，文本块的切片将从字符串的开头开始。

```
>>> string1 = "HAPPY-BIRTHDAY!!!"
>>> string1[:7]
'HAPPY-B'
>>>
```

如果没有指定第二个索引位置，那么块将从开始位置获取，直到字符串结束。

```
>>> string1 = "HAPPY-BIRTHDAY!!!"
>>> string1[4:]
'Y-BIRTHDAY!!!'
```

string1[:n]+string1[n:] 获取的始终是相同的字符串。

```
>>> string1[:4]+ string1[4:]
'HAPPY-BIRTHDAY!!!'
```

负索引也可以用于切片，但在这种情况下，计数将从末尾开始。

```
>>>string1 = "HAPPY-BIRTHDAY!!!"
>>> string1[-5:-1]
'AY!!'
>>>
```

下面提供 3 个索引值。

```
>>> string1[1:7:2]
'AP-'
>>> string1[1:9:3]
'AYI'
>>>
```

在上例中，第一个索引是起点，第二个索引是终点（并不包括终点所在的字符），第三个索引是步幅或者在检索下一个字符之前跳过多少字符。

问题：以下代码的输出是什么？

```
>>> string1 = "HAPPY-BIRTHDAY!!!"
 >>> string1[-1:-9:-2]
```

回答：'!!AH'。

问题：split()函数如何处理字符串？

回答：可以根据提供的分隔符来检索字符串块。**split()** 操作返回不带分隔符的子字符串。

示例 1 如下。

```
>>> string1 = "Happy Birthday"
>>> string1.split()
['Happy', 'Birthday']
```

示例 2 如下。

```
>>> time_string = "17:06:56"
>>> hr_str,min_str,sec_str = time_string.split(":")
>>> hr_str
'17'
>>> min_str
'06'
>>> sec_str
'56'
>>>
```

还可以指定要拆分字符串的次数。

```
>>> date_string = "MM-DD-YYYY"
 >>> date_string.split("-",1)
 ['MM', 'DD-YYYY']
 >>>
```

如果希望 Python 从末尾查找分隔符，然后拆分字符串，则可以使用 **rsplit()** 方法。

```
>>> date_string = "MM-DD-YYYY"
>>> date_string.rsplit("-",1)
 ['MM-DD', 'YYYY']
 >>>
```

问题：split()和 partition()函数有什么区别？

回答：**partition()** 函数的结果是一个元组，它保留分隔符。

```
>>> date_string = "MM-DD-YYYY"
>>> date_string.partition("-")
('MM', '-', 'DD-YYYY')
```

另外，**rpartition()** 函数从另一端查找分隔符。

```
>>> date_string = "MM-DD-YYYY"
>>> date_string.rpartition("-")
('MM-DD', '-', 'YYYY')
>>>
```

问题：请列举 Python 中重要的转义序列。

回答：Python 中一些重要的转义序列如下。

- \\：反斜杠。
- \'：单引号。
- \"：双引号。
- \f：ASCII 进纸符。
- \n：ASCII 换行符。
- \t：ASCII 水平制表符。
- \v：ASCII 垂直制表符。

字符串方法

（1）capitalize()

将返回一个首字母大写，其余为小写的字符串。

```
>>> string1 = "HAPPY BIRTHDAY"
>>> string1.capitalize()
'Happy birthday'
>>>
```

（2）casefold()

将字符串中所有大写字符转换为小写，常用于不考虑大小写情况下的字符匹配。

```
>>> string1 = "HAPPY BIRTHDAY"
>>> string1.casefold()
'happy birthday'
>>>
```

（3）centre()

centre() 函数接收两个参数：带填充字符的字符串总长度；填充字符（此参数是可选的）。

```
>>> string1 = "HAPPY BIRTHDAY"
>>> new_string = string1.center(24)
>>> print("Centered String: ", new_string)
Centered String:      HAPPY BIRTHDAY
```

```
>>>
```

（4）count()

用于统计字符串里某个字符出现的次数，还可以提供在字符串搜索的开始和结束位置的索引。

```
>>> string1 = "HAPPY BIRTHDAY"
>>> string1.count("P")
2
>>>
```

（5）encode()

将 Unicoded 字符串编码为 Python 支持的编码。

```
>>> string1 = "HAPPY BIRTHDAY"
>>> string1.encode()
b'HAPPY BIRTHDAY'
```

Python 默认使用 UTF-8 编码。

encode() 可以有两个参数。

- encoding——要使用的编码。
- errors——设置不同错误的处理方案。

（1）endswith()

如果字符串以提供的子字符串结尾，则返回 True；否则返回 False。

```
>>> string1 = "HAPPY BIRTHDAY"
>>> string1.endswith('Y')
True
>>> string1.endswith('i')
False
>>> string1 = "to be or not to be"
>>> string1.endswith("not to be")
True
>>>
```

（2）find()

获取给定字符串中子字符串首次出现的索引。

```
>>> string1 = "to be or not to be"
>>> string1.find('be')
3
>>>
```

（3）format()

format() 函数允许替换字符串中的多个值。借助位置格式，我们可以在字符串中插入值。字符串必须包含作为占位符的大括号{}，**format()** 函数将在大括号位置处插入值。

示例 1 如下。

```
>>> print("Happy Birthday {}".format("Alex"))
Happy Birthday Alex
```

示例 2 如下。

```
>>> print("Happy Birthday {}, have a {} day!!".
format("Alex","Great"))
Happy Birthday Alex, have a Great day!!
>>>
```

format() 中存在的值是元组数据类型，我们可以通过引用其索引值来调用值。
示例 3 如下。

```
>>> print("Happy Birthday {0}, have a {1} day!!".
format("Alex","Great"))
Happy Birthday Alex, have a Great day!!
>>>
```

我们可以使用 {index: conversion} 格式将更多类型的数据添加到代码中，其中 index 是参数的索引号，conversion 是数据类型的转换代码。
- s——字符串。
- d——十进制。
- f——浮点型。
- c——字符型。
- b——二进制。
- o——八进制。
- x——十六进制，9 之后是小写字母。
- X——十六进制，9 之后是大写字母。
- e——指数。

示例 4 如下。

```
>>> print("I scored {0:.2f}% in my exams".format(86))
```

输出：I scored 86.00% in my exams.

（4）index()

它提供子字符串在给定字符串中首次出现的位置。

```
>>> string1 = "to be or not to be"
>>> string1.index('not')
9
>>>
```

（5）isalnum()

如果字符串仅由字母和数字组成，则返回 True；否则返回 False。

```
>>> string1 = "12321$%%^&*"
>>> string1.isalnum()
False
>>> string1 = "string1"
>>> string1.isalnum()
True
>>>
```

（6）isalpha()

如果字符串仅由字符组成，则返回 True；否则返回 False。

```
>>> string1.isalpha()
False
>>> string1 = "tobeornottobe"
>>> string1.isalpha()
True
>>>
```

（7）isdeimal()

如果字符串仅由十进制字符组成，则返回 True。

```
>>> string1 = "874873"
>>> string1.isdecimal()
True
```

（8）isdigit()

如果字符串仅由数字组成，则返回 True。

```
>>> string1 = "874a873"
>>> string1.isdigit()
False
>>>
```

（9）islower()

```
>>> string1 = "tIger"
>>> string1.islower()
False
>>>
```

（10）isnumeric()

如果字符串中只包含数字字符，则返回 True；否则返回 False。

```
>>> string1 = "45.6"
>>> string1.isnumeric()
```

```
False
>>>
```

(11) isspace()

如果字符串只有空格，则返回 True。

```
>>> string1 =" "
>>> string1.isspace()
True
>>>
```

(12) lower()

将大写字母转换为小写。

```
>>> string1 ="TIGER"
>>> string1.lower()
'tiger'
>>>
```

(13) swapcase()

对字符串的大小写字母进行转换，将小写字母变为大写字母，反之亦然。

```
>>> string1 = "tIger"
>>> string1 = "tIger".swapcase()
>>> string1
'TiGER'
>>>
```

问题：什么是执行或转义序列字符？

回答： 字母、数字或特殊字符等字符可以轻松打印。但是，换行符、制表符等空白字符却不能像其他字符一样显示。为了嵌入这些字符，我们需要使用执行字符。这些字符是以反斜杠字符（\）开头，代码如下。

\n 表示换行符。

```
>>> print("Happy \nBirthday")
Happy
Birthday
```

\\ 输出反斜杠"\"。

```
>>> print('\\')
\
```

\t 输出一个制表符。

```
>>> print("Happy\tBirthday")
Happy     Birthday
```

2.4 列表

- 列表是有序的、可更改的元素集合。
- 可以通过将所有元素放在方括号内创建。
- 列表中的所有元素必须用逗号分隔。
- 可以有任意数量的元素,且元素不必是同一类型。
- 如果一个列表是一个引用结构,则意味着它实际上存储了对元素的引用。
- 因为列表索引从 0 开始,所以如果字符串的长度为 **n**,那么第一个元素的索引为 0,最后一个元素的索引为 **n−1**。
- 列表在 Python 编程中被广泛使用。
- 列表是可变的,因此可以在创建后修改。

问题:什么是列表?

回答:列表是 Python 中内置的可以更改的一种数据结构。列表是有序的元素序列,列表中的每个元素均可以称为项。按照顺序排列的列表,其每个元素都可以通过索引号单独调用。列表中的元素都封装在方括号中。

```
>>> # 创建空列表
>>> list1 = []
>>> # 创建一个含有几个元素的列表
>>> list2 = [12,"apple", 90.6,]
>>> list1
[]
>>> list2
[12, 'apple', 90.6]
>>>
```

问题:如何访问以下列表的第 3 个元素?当试图访问 list1[4]时会发生什么?

```
list1 = ["h", "e", "l", "p"]
```

回答:list1 的第 3 个元素的索引为 2,因此可以通过以下方式访问。

```
>>> list1 = ["h","e","l","p"]
>>> list1[2]
'l'
>>>
```

列表 list1 中有 4 个元素,最后一个元素的索引为 3,索引 4 中没有元素。因此,在尝试访问 list1[4]时,将提示错误:*IndexError: list index out of range*(*列表索引超出范围*)。

问题:list1=["h","e","l","p"],list1[-2]和 list1[-5]的输出是什么?
回答:list1[-2] = 'l'

list1[−5] 将提示错误：*IndexError: list index out of range*。

与字符串类似，列表也可以进行切片操作。如果给定的索引范围是**[a:b]**，则表示将返回从索引 **a** 到索引 **b** 的所有元素。**[a:b:c]**表示返回从索引 **a** 到索引 **b** 的步幅为 **c** 的所有元素。

问题：list1 = ["I", "L", "O", "V", "E", "P", "Y", "T", "H", "O", "N"]，则以下值是多少？

- list1[5]。
- list1[−5]。
- list1[3:6]。
- list1[:−3]。
- list1[−3:]。
- list1[:]。
- list1[1:8:2]。
- list1[::2]。
- list1[4::3]。

回答：

```
>>> list1 = ["I","L","O","V","E","P","Y","T","H","O","N"]
>>> list1[5]
'P'
>>> list1[-5]
'Y'
>>> list1[3:6]
['V', 'E', 'P']
>>> list1[:-3]
['I', 'L', 'O', 'V', 'E', 'P', 'Y', 'T']
>>> list1[-3:]
['H', 'O', 'N']
>>> list1[:]
['I', 'L', 'O', 'V', 'E', 'P', 'Y', 'T', 'H', 'O', 'N']
>>> list1[1:8:2]
['L', 'V', 'P', 'T']
>>> list1[::2]
['I', 'O', 'E', 'Y', 'H', 'N']
>>> list1[4::3]
['E', 'T', 'N']
>>>
```

问题：list1 = ["I", "L", "O", "V", "E", "P", "Y", "T", "H", "O", "N"]，list2 = ['O', 'N', 'L', 'Y']，连接两个字符串。

回答：

```
>>> list1 = list1+list2
>>> list1
['I', 'L', 'O', 'V', 'E', 'P', 'Y', 'T', 'H', 'O', 'N', 'O', 'N', 'L', 'Y']
>>>
```

问题：如何更改或更新列表中元素的值？

回答：可以通过赋值运算符（=）更改元素的值。

```
>>> list1 = [1,2,78,45,93,56,34,23,12,98,70]
>>> list1 = [1,2,78,45,93,56,34,23,12,98,70]
>>> list1[3]
45
>>> list1[3]=67
>>> list1[3]
67
>>> list1
[1, 2, 78, 67, 93, 56, 34, 23, 12, 98, 70]
>>>
```

问题：执行如下两条命令后，list1 的新值是什么？

list1=[1,2,78,45,93,56,34,23,12,98,70]

list1[6:9]=[2,2,2]

回答：list1 的新值为[1, 2, 78, 45, 93, 56, 2, 2, 2, 98, 70]。

问题：列表的 append()和 extend()函数有什么区别？

回答：**append()** 函数允许向列表中添加一个元素，而 **extend()** 则允许向列表中添加多个元素。

```
>>> list1 = [1,2,78,45,93,56,34,23,12,98,70]
>>> list1.append(65)
>>> list1
[1, 2, 78, 45, 93, 56, 34, 23, 12, 98, 70, 65]
>>> list1.extend([-3,-5,-7,-5])
>>> list1
[1, 2, 78, 45, 93, 56, 34, 23, 12, 98, 70, 65, -3, -5, -7, -5]
>>>
```

问题：list1=["h"、"e"、"l"、p]，list1*2 的值是多少？

回答：list1*2 的值为['h', 'e', 'l', 'p', 'h', 'e', 'l', 'p']。

问题：执行如下两条命令后，list1 的新值是什么？

list1=[1，2，78，45，93，56，34，23，12，98，70，65]

list1+=[87]

回答：list1 的新值为[1, 2, 78, 45, 93, 56, 34, 23, 12, 98, 70, 65, 87]。

问题：list1=[1，2，78，45，93，56，34，23，12，98，70，65]，则 list1-=[65]的输出是什么？

回答：输出是错误提示：*TypeError: unsupported operand type(s) for −=: 'list' and 'list'*（*类型错误：−=不支持列表与列表操作数类型*）。

问题：list1=[1,2,78,45,93,56,34,23,12,98,70,65]，如何从列表中删除第二个元素？

回答：可以使用 *del+关键字* 从列表中删除元素。

```
>>> list1 = [1, 2, 78, 45, 93, 56, 34, 23, 12, 98, 70, 65]
>>> del(list1[1])
 >>> list1
[1, 78, 45, 93, 56, 34, 23, 12, 98, 70, 65]
 >>>
```

问题：list1=[[1,4,5,9]，[2,4,7,8,1]]，list1 中有两个均为列表元素。如何删除 list1 中第二个列表的第一个元素？

回答：代码如下。

```
>>> list1 = [[1,4,5,9],[2,4,7,8,1]]
>>> del(list1[1][0])
>>> list1
[[1, 4, 5, 9], [4, 7, 8, 1]]
>>>
```

问题：如何获取列表的长度？

回答：**len()** 函数用于获取字符串的长度。

```
>>> list1 = [1, 2, 78, 45, 93, 56, 34, 23, 12, 98, 70, 65]
>>> len(list1)
12
>>>
```

问题：list1=[1,2,78,45,93,56,34,23,12,98,70,65]，如何在第五个位置插入值 86。

回答：代码如下。

```
  >>> list1 = [1, 2, 78, 45, 93, 56, 34, 23, 12, 98, 70, 65]
  >>> list1.insert(4,86)
  >>> list1
  [1, 2, 78, 45, 86, 93, 56, 34, 23, 12, 98, 70, 65]
>>>
```

问题：list1=[1,2,78,45,93,56,34,23,12,98,70,65]，从 list1 中删除值 78。

回答：通过向 **remove()** 函数提供待移除的数值，便可以从列表中删除特定元素。

```
>>> list1 = [1, 2, 78, 45, 93, 56, 34, 23, 12, 98, 70, 65]
>>> list1.remove(78)
>>> list1
```

```
[1, 2, 45, 93, 56, 34, 23, 12, 98, 70, 65]
>>>
```

问题：pop()函数的作用是什么？

回答：**pop()**函数可用于从特定索引中删除元素，如果没有提供索引值，则将删除最后一个元素。函数返回已删除元素的值。

```
>>> list1 = [1, 2, 78, 45, 93, 56, 34, 23, 12, 98, 70, 65]
>>> list1.pop(3)
45
>>> list1
[1, 2, 78, 93, 56, 34, 23, 12, 98, 70, 65]
>>> list1.pop()
65
>>> list1
[1, 2, 78, 93, 56, 34, 23, 12, 98, 70]
>>>
```

问题：是否有清除列表内容的方法？

回答：可以使用 **clear()** 函数清除列表中的内容。

```
>>> list1 = [1, 2, 78, 45, 93, 56, 34, 23, 12, 98, 70, 65]
>>> list1.clear()
>>> list1
[]
>>>
```

问题：list1=[1, 2, 78, 45, 93, 56, 34, 23, 12, 98, 70, 65]，查找值为 93 的元素的索引。

回答：可以使用 **index()** 函数查找列表中某个值的索引。

```
>>> list1 = [1, 2, 78, 45, 93, 56, 34, 23, 12, 98, 70, 65]
>>> list1.index(93)
4
>>>
```

问题：list1=[1, 2, 78, 45, 93, 56, 34, 23, 12, 98, 70, 65]，编写代码对 list1 进行排序。

回答：可以使用 **sort()** 函数对列表进行排序。

```
>>> list1 = [1, 2, 78, 45, 93, 56, 34, 23, 12, 98, 70, 65]
 >>> list1.sort()
 >>> list1
 [1, 2, 12, 23, 34, 45, 56, 65, 70, 78, 93, 98]
 >>>
```

问题：list1=[1, 2, 78, 45, 93, 56, 34, 23, 12, 98, 70, 65]，如何获取 list1 的反向元素。

回答：利用以下代码可以获取 list1 的反向元素。

```
>>> list1 = [1, 2, 78, 45, 93, 56, 34, 23, 12, 98, 70, 65]
>>> list1.reverse()
>>> list1
[65, 70, 98, 12, 23, 34, 56, 93, 45, 78, 2, 1]
>>>
```

问题：如何检查元素是否存在于列表中？

回答：可以使用关键字 **in** 检查列表中是否存在元素。

```
>>> list1 = [(1, 2, 4), [18, 5, 4, 6, 2], [4, 6, 5, 7], 9, 23, [98, 56]]
>>> 6 in list1
False
>>> member = [4,6,5,7]
>>> member in list1
True
>>>
```

2.5 元组

- 元组和列表一样是序列，但元组不可变。
- 无法修改。
- 元组可以由括号分隔，也可以不由括号分隔。
- 元组中的元素使用逗号分隔。如果元组中只有一个元素，那么逗号必须放在该元素之后。如果没有逗号，括号中的单个值将不会被视为元组。
- 元组和列表可以在相同的情况下使用。

问题：元组或列表应该何时使用？

回答：元组和列表可以用于类似的情况，但元组通常是收集不同数据类型的首选，而列表则常被用于收集同种数据类型。遍历元组要快于遍历列表。元组是存储不希望更改的值的理想选择，这是由于元组是不可变的，因此其中的值是写保护的。

问题：如何创建元组？

回答：可以通过以下任何方式创建元组。

```
>>> tup1 =()
>>> tup2=(4,)
>>> tup3 = 9,8,6,5
>>> tup4= (7,9,5,4,3)
>>> type(tup1)
<class 'tuple'>
```

```
>>> type(tup2)
<class 'tuple'>
>>> type(tup3)
<class 'tuple'>
>>> type(tup4)
<class 'tuple'>
```

但是，如前所述，以下不是元组的情况。

```
>>> tup5= (0)
>>> type(tup5)
<class 'int'>
>>>
```

问题：tup1 = (1, 2, 78, 45, 93, 56, 34, 23, 12, 98, 70, 65)，如何获取这个元组的第七个元素？

回答：访问元组中元素的方法与访问列表元素的方法相同。

```
>>> tup1 = (1, 2, 78, 45, 93, 56, 34, 23, 12, 98, 70, 65)
>>> tup1[6]
34
>>>
```

问题：tup1 = (1, 2, 78, 45, 93, 56, 34, 23, 12, 98, 70, 65)，当传递一个指令 tup1[6]=6 时会发生什么？

回答：元组是不可变的，因此 tup1[6]=6 会产生一个错误。

```
回溯（最后一次调用 last）：
File "<pyshell#18>", line 1, in <module>
tup1[6]=6
TypeError: 'tuple' object does not support item assignment
>>>
```

问题：tup1 = (1, 2, 78, 45, 93, 56, 34, 23, 12, 98, 70, 65)，如果尝试使用 tup1[5.0]访问第六个元素，会发生什么？

回答：索引值应该是整数值，而不是浮点值。这将生成一个类型错误：*TypeError: 'tuple' object does not support item assignment*。

问题：tup1 = (1,2,4), [8,5,4,6],(4,6,5,7),9,23,[98,56]，tup1[1][0]的值是多少？

回答：8。

问题：tup1 = (1, 2, 78, 45, 93, 56, 34, 23, 12, 98, 70, 65)，tup1[-7]和 tup1[-15]的值是多少？

回答：

```
>>> tup1[-7]
56
>>> tup1[-15]
Traceback (most recent call last):
```

```
    File "<pyshell#2>", line 1, in <module>
  tup1[-15]
IndexError: tuple index out of range
>>>
```

问题：tup1 = (1,2,4), [8,5,4,6],(4,6,5,7),9,23,[98,56]，tup2 = (1, 2, 78, 45, 93, 56, 34, 23, 12, 98, 70, 65)，获取以下值。

- **tup1[2:9]**。
- **tup2[:-1]**。
- **tup2[-1:]**。
- **tup1[3:9:2]**。
- **tup2[3:9:2]**。

回答：

- **tup1[2:9]**。

((4, 6, 5, 7), 9, 23, [98, 56])

- **tup2[:-1]**。

(1, 2, 78, 45, 93, 56, 34, 23, 12, 98, 70)

- **tup2[-1:]**。

(65,)

- **tup1[3:9:2]**。

(9, [98, 56])

- **tup2[3:9:2]**。

(45, 56, 23)

问题：tup1 = (1,2,4), [8,5,4,6],(4,6,5,7),9,23,[98,56]，如果传递 tup1[1][0]=18 指令，会发生什么？如果传递指令 tup1[1].append(2)，又会发生什么？

回答：tup1[1]是列表对象，列表是可变的。

```
>>> tup1 = (1,2,4), [8,5,4,6],(4,6,5,7),9,23,[98,56]
>>> tup1[1][0]=18
>>> tup1[1]
[18, 5, 4, 6]
>>> tup1[1].append(2)
>>> tup1
((1, 2, 4), [18, 5, 4, 6, 2], (4, 6, 5, 7), 9, 23, [98, 56])
>>>
```

问题：tup1 = (1,2,4), [8,5,4,6],(4,6,5,7),9,23,[98,56]，tup2 =(1, 2, 78, 45, 93, 56, 34, 23, 12, 98, 70, 65)，tup1+tup2 的输出是什么？

回答：代码如下。

```
>>> tup1 = (1,2,4), [8,5,4,6],(4,6,5,7),9,23,[98,56]
```

```
>>> tup2 =(1, 2, 78, 45, 93, 56, 34, 23, 12, 98, 70, 65)
>>> tup1 +=tup2
>>> tup1
((1, 2, 4), [18, 5, 4, 6, 2], (4, 6, 5, 7), 9, 23, [98, 56], 1, 2, 78, 45, 93, 56, 34, 23, 12, 98, 70, 65)
>>>
```

问题：如何删除元组？

回答： 可以使用 **del** 命令删除元组。

```
>>> tup1 = (1,2,4), [8,5,4,6],(4,6,5,7),9,23,[98,56]
>>> del tup1
>>> tup1
Traceback (most recent call last):
  File "<pyshell#23>", line 1, in <module>
    tup1
NameError: name 'tup1' is not defined
>>>
```

问题： tup1 = ((1, 2, 4), [18, 5, 4, 6, 2], (4, 6, 5, 7), 9, 23, [98, 56])，tup2 = 1,6,5,3,6,4,8,30,3,5,6,45,98

以下表达式的值是什么？

- **tup1.count(6)**。
- **tup2.count(6)**。
- **tup1.index(6)**。
- **tup2.index(6)**？

回答：

- **tup1.count(6)**。

0

- **tup2.count(6)**。

3

- **tup1.index(6)**。

0

- **tup2.index(6)**。

1

问题：如何判断一个元素是否存在于元组中？

回答： 可以使用关键字 **in** 来检查元组中是否存在元素。

```
>>> tup1 = ((1, 2, 4), [18, 5, 4, 6, 2], (4, 6, 5, 7), 9, 23, [98, 56])
>>> 6 in tup1
False
>>> member = [4,6,5,7]
>>> member in tup1
False
>>> member2 = (4, 6, 5, 7)
```

```
>>> member2 in tup1
True
>>>.
```

问题：如何才能得到元组中的最大值和最小值？

回答：可以用 **max()** 函数得到最大值，用 **min()** 函数得到最小值。

```
>>> tup1 = (4, 6, 5, 7)
>>> max(tup1)
7
>>> min(tup1)
4
>>>
```

问题：如何对元组的所有元素进行排序？

回答：代码如下。

```
>>> tup1 =(1,5,3,7,2,6,8,9,5,0,3,4,6,8)
>>> sorted(tup1)
[0, 1, 2, 3, 3, 4, 5, 5, 6, 6, 7, 8, 8, 9]
```

问题：如何才能获得元组中所有元素的和？

回答：可以用 **sum()** 函数求出元组中所有元素的和。

```
>>> tup1 =(1,5,3,7,2,6,8,9,5,0,3,4,6,8)
 >>> sum(tup1)
67
```

2.6 字典

- 无序的对象集。
- 也称为映射、哈希映射、查找表或关联数组。
- 数据以键值对的方式存储。字典中的每个元素都有一个键和相应的值。键和值之间用冒号分隔，所有元素用逗号分隔。
- 字典中的元素通过键进行访问，而不是通过索引。因此，它或多或少类似于一个关联数组，其中每个键都与一个值关联，元素以无序的方式作为键值对存在。
- 字典使用大括号。

问题：如何创建字典？

回答：可以通过以下任何方式创建字典。

```
>>> dict1 = {}
>>> type(dict1)
```

```
<class 'dict'>
>>> dict2 = {'key1' : 'value1', 'key2': 'value2', 'key3': 'value3', 'key4': 'value4'}
>>> dict2
{'key1': 'value1', 'key2': 'value2', 'key3': 'value3', 'key4': 'value4'}
>>> type(dict2)
<class 'dict'>
>>> dict3 = dict({'key1': 'value1', 'key2': 'value2', 'key3': 'value3', 'key4': 'value4'})
>>> dict3
{'key1': 'value1', 'key2': 'value2', 'key3': 'value3', 'key4': 'value4'}
>>> type(dict3)
<class 'dict'>
>>> dict4 = dict([('key1', 'value1'), ('key2', 'value2'), ('key3', 'value3'), ('key4', 'value4')])
>>> dict4
{'key1': 'value1', 'key2': 'value2', 'key3': 'value3', 'key4': 'value4'}
>>> type(dict4)
<class 'dict'>
```

问题：如何访问字典中的值？

回答：字典中的值可以通过键进行访问，代码如下。

```
>>> student_dict = {'name': 'Mimoy', 'Age':12, 'Grade':7, 'id': '7102'}
>>> student_dict['name']
'Mimoy'
```

键区分大小写。如果给出 **student_dict['age']** 指令，将生成一个键错误，因为实际的键是 **Age** 而不是 **age**。

```
>>> student_dict['age']
Traceback (most recent call last):
 File "<pyshell#20>", line 1, in <module>
student_dict['age']
KeyError: 'age'
>>> student_dict['Age']
12
>>>
```

问题：字典元素的值能改变吗？

回答：是的，因为字典是可变的，所以可以更改字典元素的值。

```
>>> dict1 = {'English literature': '67%', 'Maths': '78%', 'Social Science': '87%', 'Environmental Studies': '97%'}
>>> dict1['English literature'] = '78%'
>>> dict1
{'English literature': '78%', 'Maths': '78%', 'Social Science': '87%', 'Environmental Studies': '97%'}
>>>
```

问题：列表可以作为字典中的键或值吗？

回答： 列表可以作为字典中的值，但不能作为键。

```
>>> dict1 = {'English literature': '67%','Maths': '78%', 'Social Science': '87%',
'Environmental Studies': '97%'}
>>> dict1['English literature'] = ['67%','78%']
>>> dict1
{'English literature': ['67%', '78%'], 'Maths': '78%', 'Social Science': '87%',
'Environmental Studies': '97%'}
>>>
```

如果尝试将列表作为键，将生成一个错误。

```
>>> dict1 = {['67%', '78%']:'English literature', 'Maths': '78%', 'Social Science': '87%',
'Environmental Studies': '97%'}
Traceback (most recent call last):
  File "<pyshell#30>", line 1, in <module>
dict1 = {['67%', '78%']:'English literature', 'Maths': '78%', 'Social Science': '87%',
'Environmental Studies': '97%'}
TypeError: unhashable type: 'list'
>>>
```

问题：如何从字典中删除元素？

回答： 可以通过以下任何方式从字典中删除或移除元素。

```
>>> dict1 = {'English literature': '67%', 'Maths': '78%', 'Social Science': '87%',
'Environmental Studies': '97%'}
```

- **pop()** 可用于从字典中删除特定值。**pop()** 需要一个有效的键作为参数，如果不传递任何参数，则将生成类型错误：*TypeError: descriptor 'pop' of 'dict' object needs an argument*。

```
>>> dict1.pop('Maths')
'78%'
>>> dict1
{'English literature': '67%', 'Social Science': '87%', 'Environmental Studies': '97%'}
```

- **popitem()** 函数可用于删除任意项。

```
>>> dict1.popitem()
('Environmental Studies', '97%')
>>> dict1
{'English literature': '67%', 'Social Science': '87%'}
```

- 可以使用关键字 **del** 从字典中删除特定值。

```
>>> del dict1['Social Science']
>>> dict1
{'English literature': '67%'}
```

- **clear()** 函数的作用是清除字典的内容。

```
>>> dict1.clear()
>>> dict1
{}
```

- **del()** 函数也可用于删除整个字典，如果在删除后试图访问字典，则将生成一个名称错误，代码如下。

```
>>> del dict1
>>> dict1
Traceback (most recent call last):
        File "<pyshell#11>", line 1, in <module>
        dict1
NameError: name 'dict1' is not defined
>>>
```

问题：copy()方法的作用是什么？
回答：copy()方法创建字典的浅副本，它不会以任何方式修改原始字典对象。

```
>>> dict2 = dict1.copy()
 >>> dict2
  {'English literature': '67%', 'Maths': '78%', 'Social Science': '87%', 'Environmental Studies': '97%'}
    >>>
```

问题：解释 fromkeys 方法。
回答：**fromkeys** ()方法返回一个新字典，该字典与作为参数传递的字典对象具有相同的键。如果提供一个值，则所有键都将设置为该值；否则所有键都将设置为 None。

- 不提供值。

```
>>> dict2 = dict.fromkeys(dict1)
>>> dict2
{'English literature': None,'Maths': None,'Social Science': None,'Environmental Studies': None}
>>>
```

- 提供值。

```
>>> dict3 = dict.fromkeys(dict1,'90%')
 >>> dict3
  {'English literature': '90%', 'Maths': '90%', 'Social Science': '90%', 'Environmental Studies': '90%'}
    >>>
```

问题：items()函数的用途是什么？
回答：**items**()函数不接收任何参数，它返回一个显示给定字典键值对的视图对象。

```
    >>> dict1 = {'English literature': '67%', 'Maths': '78%', 'Social Science': '87%', 'Environmental Studies': '97%'}
```

```
>>> dict1.items()
dict_items([('English literature', '67%'), ('Maths', '78%'), ('Social Science', '87%'),
('Environmental Studies', '97%')])
>>>
```

问题：dict1 = {(1,2,3):['1','2','3']}，这条指令是有效的命令吗？

回答：dict1 = {(1,2,3):['1','2','3']}是有效的命令，此指令将创建字典对象。在字典中，键必须始终具有不可变的值。因为键是不可变的元组，所以此指令有效。

问题：dict_items([('English literature', '67%'), ('Maths', '78%'), ('Social Science', '87%'), ('Environmental Studies', '97%')])，哪个函数可用于获取 dict1 中的键值对数量？

回答：**len()**函数可用于获取键值对的总数。

```
>>> dict1 = {'English literature': '67%', 'Maths': '78%', 'Social Science': '87%',
'Environmental Studies': '97%'}
>>> len(dict1)
4
>>>
```

问题：dict1 = {'English literature': '67%', 'Maths': '78%', 'Social Science': '87%', 'Environmental Studies': '97%'}，则 dict1.keys()的输出是什么？

回答：**keys()**函数用于显示给定字典对象中存在的键列表。

```
>>> dict1 = {'English literature': '67%', 'Maths': '78%', 'Social Science': '87%',
'Environmental Studies': '97%'}
>>> dict1.keys()
dict_keys(['English literature', 'Maths', 'Social Science', 'Environmental Studies'])
>>>
```

问题：dict1 = {'English literature': '67%', 'Maths': '78%', 'Social Science': '87%', 'Environmental Studies': '97%'}，则'Maths' in dict1 的输出是什么？

回答：True。

in 运算符用于检查特定的键是否存在于字典中。如果该键存在，则返回 True；否则将返回 False。

问题：dict1 = {'English literature': '67%', 'Maths': '78%', 'Social Science': '87%', 'Environmental Studies': '97%'}，dict2 = {(1,2,3):['1','2','3']}，dict3 = {'Maths': '78%'}，dict4 = {'Maths': '98%','Biology':'56%'}，

下面表达式的输出是什么？

- **dict1.update(dict2)**。
- **dict1.update(dict3)**。
- **dict3.update(dict3)**。

- **dict1.update(dict4)**。

回答： update()方法将字典对象作为参数。如果键已经存在于字典中，则更新值；如果键不存在，则将键值对添加到字典中。

```
    >>> dict1 = {'English literature': '67%', 'Maths': '78%', 'Social Science': '87%',
'Environmental Studies': '97%'}
    >>> dict2 = {(1,2,3):['1','2','3']}
    >>> dict1.update(dict2)
    >>> dict1
    {'English literature': '67%', 'Maths': '78%', 'Social Science': '87%', 'Environmental
Studies': '97%', (1, 2, 3): ['1', '2', '3']}

    dict1 = {'English literature': '67%', 'Maths': '78%', 'Social Science': '87%', 'Environm-
ental Studies': '97%'}
    >>> dict3 = {'Maths': '78%'}
    >>> dict1.update(dict3)
    >>> dict1
    {'English literature': '67%', 'Maths': '78%', 'Social Science': '87%', 'Environmental
Studies': '97%'}

    dict3 = {'Maths': '78%'}
    >>> dict3.update(dict3)
    >>> dict3
    {'Maths': '78%'}

    dict1 = {'English literature': '67%', 'Maths': '78%', 'Social Science': '87%', 'Environmental
Studies': '97%'}
    dict4 = {'Maths': '98%','Biology':'56%'}
    >>>dict1.update(dict4)
    >>>dict1
    {'English literature': '67%', 'Maths': '98%', 'Social Science': '87%', 'Environmental
Studies': '97%', 'Biology': '56%'}
```

问题： dict1 = {'English literature': '67%', 'Maths': '78%', 'Social Science': '87%', 'Environmental Studies': '97%'}，则 dict1.values()输出是什么？

回答： 代码如下。

```
    >>> dict1.values()
    dict_values(['67%', '78%', '87%', '97%'])
    >>>
```

2.7 集合

- 无序的项集合。
- 每一个元素都是独一无二和不变的。
- 集合本身是可变的。
- 用于在 **math** 中执行集合运算。
- 可以通过将所有项放在大括号中创建集合，项与项之间使用逗号分隔。

- 也可以使用内置的 **set()** 函数创建集合。

```
>>> set1 ={8,9,10}
>>> set1
{8, 9, 10}
>>>
```

- 由于集合是无序的，因此索引不适用于集合。

问题：如何创建空集合？

回答： 创建一个空集合必须使用内置函数 **set()** 而不是使用大括号，因为大括号用来创建一个空字典。

```
>>> set1 = {}
>>> type(set1)
<class 'dict'>
>>> set1 = set()
>>> type (set1)
<class 'set'>
>>>
```

问题：如何将单个元素添加到集合中？

回答： 可以使用 **add()** 函数向集合中添加单个元素。

```
>>> set1 ={12,34,43,2}
>>> set1.add(32)
>>> set1
{32, 2, 34, 43, 12}
>>>
```

问题：如何向一个集合添加多个值？

回答： 可以使用 **update()** 函数向一个集合添加多个值。

```
>>> set1 ={12,34,43,2}
>>> set1.update([76,84,14,56])
>>> set1
{2, 34, 43, 12, 76, 14, 84, 56}
>>>
```

问题：从集合中移除值的方法有哪些？

回答：discard() 和 **remove()**。

```
>>> set1 = {2, 34, 43, 12, 76, 14, 84, 56}
>>> set1.remove(2)
>>> set1
{34, 43, 12, 76, 14, 84, 56}
>>> set1.discard(84)
>>> set1
```

```
{34, 43, 12, 76, 14, 56}
>>>
```

问题：pop()方法的作用是什么？

回答：**pop()**函数的作用是从集合中随机删除元素。

```
>>> set1 = {2, 34, 43, 12, 76, 14, 84, 56}
>>> set1.pop()
2
>>> set1
{34, 43, 12, 76, 14, 84, 56}
>>>
```

问题：如何从集合中移除所有元素？

回答：可以使用 **clear()** 函数删除集合中的所有元素。

```
>>> set1 = {2, 34, 43, 12, 76, 14, 84, 56}
>>> set1.clear()
>>> set1
set()
```

问题：各种集合操作有哪些？

回答：代码如下。

```
>>> #并集
>>> set1 = {1,5,4,3,6,7,10}
>>> set2 = {10,3,7,12,15}
>>> set1 | set2
{1, 3, 4, 5, 6, 7, 10, 12, 15}
>>> #交集
>>> set1 = {1,5,4,3,6,7,10}
>>> set2 = {10,3,7,12,15}
>>> set1 & set2
{10, 3, 7}
>>> #差集
>>> set1 = {1,5,4,3,6,7,10}
>>> set2 = {10,3,7,12,15}
>>> set1 - set2
{1, 4, 5, 6}
>>> #对称差集
>>> set1 = {1,5,4,3,6,7,10}
>>> set2 = {10,3,7,12,15}
>>> set1^set2
{1, 4, 5, 6, 12, 15}
>>>
```

第 3 章 Python 中的运算符

运算符可以对数据执行各种操作，它们是执行算术和逻辑运算所需的特殊符号。运算符所操作的值称为操作数。表达式 10/5=2 中的/是执行除法的运算符，10 和 5 是操作数。Python 为各种操作定义了以下运算符。

- 算术运算符。
- 关系运算符。
- 逻辑/布尔运算符。
- 赋值运算符。
- 位运算符。
- 成员运算符。
- 身份运算符。

问题：什么是算术运算符？在 Python 中可以使用哪些类型的算术运算符？

回答：算术运算符用于执行加法、减法、除法和乘法等数学函数。我们可以在 Python 中使用各种类型的算术运算符，如下所示。

"+"：加法。

```
>>> a = 9
>>> b = 10
>>> a + b
19
>>>
```

"–"：减法。

```
>>> a = 9
>>> b = 10
>>> a - b
-1
>>>
```

"*"：乘法。

```
>>> a = 9
```

```
>>> b = 10
>>> a * b
90
>>>
```

"/"：除法。

```
>>> a = 9
>>> b = 10
>>> a/b
0.9
>>>
```

"%"：取模，返回除法的余数。

```
>>> a = 9
>>> b = 10
>>> a % b
9
>>> a = 11
>>> b = 2
>>> a % b
1
>>>
```

"//"：取整除，向下取接近商的整数，小数点后的值被删除。

```
>>> a = 9
>>> b = 10
>>> a // b
0
>>> a = 11
>>> b = 2
>>> a // b
5
>>>
```

"**"：幂，返回 x 的 y 次幂。

```
>>> a = 2
>>> b = 3
>>> a**b
8
>>> b**a
9
>>>
```

问题：在 Python 中，算术运算符的优先级是什么？

回答：当表达式中出现多个算术运算符时，Python 将按首字母顺序 PEMDAS 执行运算操作。

- 括号（Parenthesis）。
- 指数（Exponent）。
- 乘法（Multiplication）。
- 除法（Division）。
- 加法（Addition）。
- 减法（Subtraction）。

(2+2)/2−2*2/(2/2)*2
= 4/2 − 4/1*2
= 2−8
= −6

```
>>> (2+2)/2-2*2/(2/2)*2
-6.0
```

问题：a=2，b=4，c=5，d=4，根据 Python 的运算符优先级计算以下表达式的值。

- **a+b+c+d**。
- **a+b*c+d**。
- **a/b+c/d**。
- **a+b*c+a/b+d**。

回答：结果如下。

```
>>> a=2
>>> b=4
>>> c=5
>>> d=4
>>> a+b+c+d
15
>>> a+b*c+d
26
>>> a/b+c/d
1.75
>>> a+b*c+a/b+d
26.5
>>>
```

问题：什么是关系运算符？

回答：关系运算符也称为条件运算符或比较运算符。Python 中的关系运算符定义如下。

- ==：如果两个操作数相等，则返回 True。
- !=：如果两个操作数不相等，则返回 True。
- >：如果左操作数大于右操作数，则返回 True。
- <：如果左操作数小于右操作数，则返回 True。
- >=：如果左操作数大于或等于右操作数，则返回 True。
- <=：如果左操作数小于或等于右操作数，则返回 True。

```
>>> a = 5
>>> b = 6
>>> c = 7
>>> d = 7
>>> a == b
False
>>> c ==d
True
>>> a != b
True
>>> c != d
False
>>>
>>> a > b
False
>>> a < b
True
>>> a >= b
False
>>> c >= d
True
>>> a <= b
True
>>> c <= d
True
```

问题：如果 a = 5, b = 6, c =7, d=7，则以下表达式的结果是什么？

- **a<=b>=c**。
- **-a+b==c>d**。
- **b+c==6+d>=13**。

回答：结果如下。

```
>>> a<=b>=c
False
>>> -a+b==c>d
False
>>> b+c==6+d>=13
True
>>>
```

问题：什么是赋值运算符？

回答：赋值运算符用于为变量赋值，各种类型的赋值运算符如下。

- =：**a=5** 表示数值 5 赋给 **a**。
- +=：**a+=5** 与 **a=a+5** 相同。
- -=：**a-=5** 与 **a=a-5** 相同。
- *=：**a*=5** 与 **a=a*5** 相同。
- /=：**a/=5** 与 **a=a/5** 相同。
- %=：**a%=5** 与 **a=a%5** 相同。
- //=：**x//=5** 与 **x=x//5** 相同。

- **=：x**=5 与 x=x**5 相同。
- &=：x&=5 与 x=x&5 相同。
- |=：x|=5 与 x=x|5 相同。
- ^=：x^=5 与 x=x^5 相同。
- \>\>=：x\>\>=5 与 x=x\>\>5 相同。
- <<=：x<<=5 与 x=x<<5 相同。

问题：a=a*2+6 与 a*=2+6 相同吗？

回答：a=a*2+6 与 a*=2+6 不相同，这是因为赋值运算符的优先级低于加法运算符。因此，如果 a=5，那么可得到以下结果。

a = a *2+6 => a = 16

a *= 2 + 6 => a = 40

```
>>> a = 5
>>> a = a *2+6
>>> a
16
>>> a = 5
>>> a *= 2 + 6
>>> a
40
>>>
```

问题：什么是逻辑运算符？

回答：逻辑运算符通常用于 if 和 while 等控制语句来控制程序流。逻辑运算符通过评估条件来返回 True 或 False，具体返回值取决于条件的计算结果是 True 还是 False。Python 中的 3 个逻辑运算符如下。

- 与（and）。
- 或（or）。
- 非（not）。

```
>>> a = True
>>> b = False
>>> a and b
False
>>> a or b
True
>>> not a
False
>>> not b
True
>>>
```

问题：什么是成员运算符？

回答：成员运算符用于检查值是否存在于序列中。

成员运算符有如下两种类型。
- in：如果在序列中找到值，则返回 True。
- not in：如果在序列中找不到值，则返回 True。

```
>>> a = "Hello World"
>>> "h" in a
False
>>> "H" in a
True
>>> "h" not in a
 True
 >>> "H" not in a
False
>>>
```

问题：什么是位运算符？

回答： 位运算符是把数字看作二进制来逐位进行计算的运算符。Python 中的按位运算法则如下。

- 按位与运算符 – &。

2 & 3

2

- 按位或运算符 – |。

2|3

3

- 按位取反运算符 – ~。

\>>> ~2

-3

- 按位异或运算符 – ^。

2^3

1

- 右移动运算符 – >>。

2>>2

0

- 左移动运算符 – <<。

2<<2

8

问题：什么是身份运算符？

回答： 身份运算符用于验证两个对象是否在内存的同一部分。身份运算符有如下两种类型。
- is：如果两个操作数相同，则返回 True。
- is not：如果两个操作数不相同，则返回 True。

```
>>> a = 3
>>> id(a)
140721094570896
>>> b = 3
>>> id(b)
140721094570896
>>> a is b
True
>>> a = 3
>>> b = 6
>>> c = b - a
>>> id(c)
140721094570896
>>> a is c
True
>>> a = 4
>>> b = 8
>>> a is b
False
>>> a is not b
True
>>>
```

问题：a=10 和 a==10 这两个表达式有什么区别？

回答：表达式 **a=10** 将值 10 赋给变量 **a**，而 **a==10** 则检查 **a** 的值是否等于 10。如果是，则返回 True；否则将返回 False。

问题：什么是表达式？

回答：在编程时编写的逻辑代码行称为表达式。表达式可以分解为运算符和操作数。因此，表达式是一个或多个操作数和零个或多个用于计算值的运算符的组合。

参照以下示例。

a = 6

a + b = 9

8/7

问题：Python 中运算符优先级的基本规则是什么？

回答：Python 中运算符优先级的基本规则如下。

- 表达式必须从左到右进行计算。
- 首先执行括号内的表达式。
- 在 Python 中，运算符的优先级顺序如下。

    a）括号。

    b）指数。

    c）乘法。

    d）除法。

    e）加法。

    f）减法。

- 数学运算符的优先级较高，布尔运算符的优先级较低。因此，在布尔运算之前执行数学运算。

问题： 从高优先级到低优先级排列下列运算符。
- 赋值运算符。
- 指数。
- 加法、减法。
- 关系运算符。
- 等于运算符。
- 逻辑运算符。
- 乘法、除法、取整除、取模。

回答： 运算符优先级由高到低排列如下。
- 指数。
- 乘法、除法、取整除、取模。
- 加法、减法。
- 关系运算符。
- 等于运算符。
- 赋值运算符。
- 逻辑运算符。

问题： 是否可以更改表达式中的计算顺序？

回答： 可以改变表达式的计算顺序。假设想在表达式中的乘法之前执行加法，那么可以简单地将加法表达式放在括号中。

（2+4）*4

问题： 隐式表达式和显式表达式有什么区别？

回答： 转换是将一种数据类型转换为另一种数据类型的过程。Python 中的两种转换类型如下。
- 隐式类型转换。
- 显式类型转换。

当 Python 自动将一种数据类型转换为另一种数据类型时，称为隐式转换。

```
>>> a = 7
>>> type(a)
<class 'int'>
>>> b = 8.7
>>> type(b)
<class 'float'>
>>> type(a+b)
<class 'float'>
>>>
```

显式转换是指开发人员必须显式转换对象的数据类型才能执行操作。

```
>>> c = "12"
>>> type(c)
<class 'str'>
>>> d = 12
#字符串和整数相加将产生错误
>>> c+d
Traceback (most recent call last):File "<pyshell#43>", line 1, in <module>
    c+d
TypeError: can only concatenate str (not "int") to str
#将字符串转换为整数，然后添加
>>> int(c)+d
24
#将整数转换为字符串，然后执行串联
>>> c+str(d)
'1212'
>>>
```

问题：什么是语句？

回答： Python 解释器可以执行的完整代码单元称为语句。

问题：什么是输入语句？

回答： 输入语句用于从键盘获取用户输入。**input()** 函数的语法如下。

```
input(prompt)
```

prompt 是用户的字符串消息。

```
>>> a = input("请在这里输入你的信息 :")
请在这里输入你的信息: It is a beautiful day
>>> a
' It is a beautiful day'
>>>
```

每当调用一次输入函数时，程序就一直保持到用户提供一个输入为止。**input()** 函数的作用是将用户的输入转换为字符串，然后将其返回给调用程序。

问题：请看以下代码。

```
num1 = input("输入第一个数字: ")
num2 = input("输入第二个数字: ")
print(num1 + num2)
```

执行代码时，用户提供以下值。

输入第一个数字：67。

输入第二个数字：78。

输出是什么？

回答：输出为 6778。这是因为 **input()** 函数将用户的输入转换为字符串，然后将其返回给调用程序。因此，即使用户输入了整数值，**input()** 函数也会返回字符串值 67 和 78，并且+运算符将两个字符串连接起来，给出 6778 作为答案。如果要将这两个数字相加，则必须先将它们转换为整数值。因此，代码需要稍作修改。

```
num1 = input("输入第一个数字：")
num2 = input("输入第二个数字：")
print(int(num1) + int(num2))
```

输出结果如下。

```
输入第一个数字：67
输入第二个数字：78
145
>>>
```

问题：Python 运算符的关联性是什么？什么是非关联运算符？

回答：运算符的关联性定义了含有多个相同优先级运算符的表达式的计算顺序。在这种情况下，Python 通常遵循从左到右的关联性。

赋值或比较运算符等运算符没有关联性，称为非关联运算符。

第 4 章　决策与循环

4.1　控制语句

控制语句用于控制程序执行的流程，它们有助于在特定条件下决定下一步的操作指令，同时也允许多次重复某一程序。

Python 中有两种类型的控制语句，介绍如下。

1. 条件分支
- if。

语法：

```
if 判断条件:
  条件成立时，需执行的操作
```

如果判断条件的结果为 True，则执行 if 块下的 if 代码。

- if…else。

语法：

```
if 判断条件:
    条件成立时，需执行的操作
else:
    条件不成立时，需执行的操作
```

- 嵌套 if 语句。

语法：

```
if 条件 1:
    条件 1 成立时，需执行的操作
    elif 条件 2:
        条件 2 成立时，需执行的操作
    elif 条件 3:
        条件 3 成立时，需执行的操作
```

2. 循环
- while：只要给定条件为 True，就重复执行一组语句。

语法：

```
while 判断条件:
    条件成立时，需执行的操作
```

- **for**：一组语句重复执行指定次数。

语法：

```
for <迭代变量> in <对象集合>:
    重复执行的指令
```

- 嵌套循环。

问题：下面这段代码的输出是什么？

```
animals = ['cat', 'dog']
for pet in animals:
    pet.upper()
print(animals)
```

回答：输出是['cat'，'dog']。**upper()** 未分配给任何内容，因此 **pet** 返回的值不会以任何方式更新 **animals** 中的值。

问题：以下代码的输出是什么？

```
for i in range(len(animals)):
    animals[i] = animals[i].upper()
print(animals)
```

回答：['CAT'，'DOG']

问题：以下代码的输出是什么？

```
numbers = [1,2,3,4]
for i in numbers:
    numbers.append(i + 1)
print(numbers)
```

回答：由于 for 循环永远不会停止执行，因此这段代码不会生成任何输出。这是由于每次迭代都会在列表 **numbers** 的末尾添加一个元素，并且列表的大小会不断增加。

问题：以下代码的输出是什么？

```
i = 6
while True:
    if i%4 == 0:
        break
```

```
    print(i)
    i -= 2
```

回答：6。

问题：编写代码以生成以下输出。

*
**
***
****

回答：代码如下。

```
for i in range(1,5):
    print("*"*i)
```

或

```
count = 1
while count < 5:
    print('*'*count)
    count = count + 1
```

问题：编写代码以生成以下输出。

1
22
333
4444

回答：代码如下。

```
count = 1
while count < 5:
    print(str(count)*count)
    count = count + 1
```

问题：编写代码以生成以下输出。

1
12
123
1234

回答：代码如下。

```
count = 1
string1 =''
while count < 5:
```

```
    for i in range(1, count+1):
        string1 = string1+str(i)
count = count + 1
print(string1)
string1 =''
```

问题：编写代码来拼写用户输入的单词。
回答：代码如下。

```
word = input("请输入一个词: ")
for i in word:
    print(i)
```

输出结果如下。

请输入一个词：Aeroplane

A

e

r

o

p

l

a

n

e

问题：编写代码来反转字符串。
回答：代码如下。

```
string1 = "AeRoPlAnE"
temp = list(string1)
count = len(temp)-1
reverse_str=''
while count>=0:
    reverse_str = reverse_str + temp[count]
    count = count-1
print(reverse_str)
```

输出结果如下。

```
EnAlPoReA
```

4.2 控制循环语句

以下 3 条语句可用于控制循环。
- **break**：跳出当前正在执行的整个循环，然后执行下一条语句。

- **continue**：跳过当前循环的剩余语句，然后继续进行下一轮循环。
- **pass**：不执行任何操作。

问题：以下代码的输出是什么？

```
a = 0
    for i in range(5):
        a = a+1
        continue
    print(a)
```

回答：5。

问题：以下代码的输出是什么？

```
for item in ('a', 'b', 'c', 'd'):
    print (item)
    if item == 'c':
        break
    continue
    print ("challenge to reach here")
```

回答：'a'、'b'、'c'。

问题：如何使用 if 语句判断整数是否是偶数？
回答：代码如下。

```
x = int(input("输入数字 : "))
if x%2 == 0:
    print("输入的数字为偶数。")
```

输出结果如下。
输入数字：6
输入的数字为偶数。
>>>

问题：如何使用 if 语句判断整数是否为奇数？
回答：代码如下。

```
x = int(input("输入数字: "))
if x%2 != 0:
    print("输入的数字为奇数。")
```

输出结果如下。
输入数字：11

输入的数字为奇数。

问题：使用 if-else 语句检查给定数字是否为偶数。如果是偶数，则显示一条消息，说明给定数字为偶数；否则输出给定数字为奇数。

回答：代码如下。

```
x = int(input("输入数字："))
if x%2 == 0:
    print("输入的数字为偶数。")
else:
    print("输入的数字为奇数。")
```

输出结果如下。

```
输入数字：11
输入的数字为奇数。
>>>

输入数字：4
输入的数字为偶数。
>>>
```

问题：什么是三元运算符？

回答：三元运算符是一种条件表达式，将 **if...else** 语句块压缩为一行。

```
[条件成立，需执行的操作] if [条件] else [条件不成立，需执行的操作]
```

代码如下。

```
x = 27
print("输入的数字为偶数。") if x%2 == 0 else print("输入的数字为奇数。")
```

输出结果如下。

```
输入的数字为奇数。
```

问题：以下代码的输出是什么？为什么？

```
i = j = 10
if i > j:
    print("i 大于 j。")
elif i<= j:
    print("i 小于 j。")
else:
    print("i 等于 j。")
```

回答： 以上代码的输出如下。

```
i 小于 j。
```

由于第二个条件 **elif i<= j** 的计算结果为 True，因此将显示此块中输出的消息。

问题：下面的代码如何用一行来表示？

```
i = j = 10
if i > j:
    print("i 大于 j。")
elif i< j:
    print("i 小于 j。")
else:
    print("i 等于 j。")
```

回答： print（"i 大于 j。" **if i > j else** "i 小于 j。" **if i < j else** "i 等于 j。"）

问题：以下代码的输出是什么？

```
i = 2
 j = 16
minimum_val = i < j and i or j
minimum_val
```

回答： 2。

问题：条件分支的含义是什么？
回答： 条件分支是指基于表达式的结果值决定是否必须执行某些指令集。

问题：以下代码的输出是什么？

```
a = 0
b = 9
i = [True,False][a > b]
print(i)
```

回答： True。上述代码中展示了另一种三元语法。
[条件值为 False 时的结果值，条件值为 True 时的结果值][条件]
上述代码中 **a<b**，因此条件值为 False。因此，i 将被分配给条件值为 False 时的结果值，在本例中设置为 True。

问题：continue 和 pass 语句有什么区别？
回答：pass 命令不执行任何操作，而 **continue** 则跳过本循环中剩余的指令，直接执行下一个循环。

第 5 章　用户自定义函数

在阅读有关标准数据类型的章节时，我们已经了解了几个存在于 Python 库中的内建函数。然而，编程是指自己创建可以随时调用的函数。每个函数都可以看作一个代码块，只有在调用时才会执行。定义函数时，需要使用下面代码中的关键字 **def**。

```
def 函数名 ():
    需执行的操作
```

接下来我们定义一个简单的函数。

```
def new_year_greetings():
    print("祝你新年快乐，万事如意。")
new_year_greetings()
```

new_year_greetings() 函数是一个非常简单的函数，在调用时会显示一条新年消息。

我们还可以向函数传递参数。因此，如果希望函数 **new_year_greetings()** 输出个人化的信息，则可以考虑将名字（**name**）作为参数传递给函数。

```
def new_year_greetings(name):
    print("你好 ",name.upper(),"!!祝你新年快乐，万事如意。")
name = input("你好，请问你的名字是什么: ")
new_year_greetings(name)
```

上述代码的输出结果如下。

```
你好，请问你的名字是什么: Jazz
你好 JAZZ !! 祝你新年快乐，万事如意。
>>>
```

缩进非常重要。为了便于解释，我们可以在代码中添加一条 print 语句。

因此，当调用函数时，输出结果如下。

```
def new_year_greetings(name):
    print("你好 ",name.upper(),"!!祝你新年快乐，万事如意。")
print("祝你新年快乐。")
```

```
name = input("你好,请问你的名字是什么:")
new_year_greetings(name)
```

因此,当调用函数时,输出结果如下。

```
你好,请问你的名字是什么: Jazz
你好 JAZZ !! 祝你新年快乐,万事如意。
祝你新年快乐。
```

错误的缩进会改变函数的含义。

```
def new_year_greetings(name):
    print("你好 ",name.upper(),"!!祝你新年快乐,万事如意。")
print("祝你新年快乐。")
```

在上面给出的代码中,由于第二个 print 语句没有正确缩进,因此即使没有调用函数,也会执行第二个 print 语句。同时,这条语句也不再是函数的一部分。输出结果如下。

```
祝你新年快乐。
```

我们还可以定义多个函数,一个函数可以调用另一个函数。

```
def new_year_greetings(name):
    print("你好 ",name.upper(),"!!祝你新年快乐,万事如意。")
    extended_greetings()
def extended_greetings():
    print("祝你新年快乐。")
name = input("你好,请问你的名字是什么:")
new_year_greetings(name)
```

当 **new_year_greeting()** 输出一条消息后,它会调用 **extended_greetings()** 函数来输出另一条信息。

输出结果如下。

```
你好,请问你的名字是什么: Jazz
你好 JAZZ !! 祝你新年快乐,万事如意。
祝你新年快乐。
```

我们还可以将多个参数传递给函数。

```
def new_year_greetings(name1,name2):
    print("你好 ",name1," 和 ",name2,"!! 祝你们新年快乐,万事如意。")
    extended_greetings()
def extended_greetings():
    print("祝你们新年快乐。")
new_year_greetings("Jazz","George")
```

输出结果如下。

```
你好 Jazz 和 George !! 祝你们新年快乐，万事如意。
祝你们新年快乐。
```

问题：Python 中的函数类型有哪些？
回答： Python 中有两种类型的函数。
- 内置函数：Python 中的库函数。
- 用户定义函数：由开发人员定义。

问题：为什么需要函数？
回答： 在一个程序中，一组特定的指令可能会被重复调用。与其在需要的地方编写相同的代码，不如定义一个函数将代码放在其中，在需要时直接调用此函数即可。这样既省时省力，程序也更容易开发。函数有助于组织编码，同时也使代码测试变得容易。

问题：什么是函数头？
回答： 函数定义的第一行以 **def** 开头，以冒号结尾，称为函数头。

问题：函数什么时候执行？
回答： 函数在被调用时执行。它可以直接从 Python 提示符或其他函数调用。

问题：什么是形参（parameter）？形参和实参（argument）有什么区别？
回答： 形参是在函数定义中定义的变量，而实参是传递给函数的实际值。实参中包含的数据将传递给形参。

```
def function_name(param):
```

在前面的语句中，**param** 是一个形参。现在，我们来看一看下面给出的语句如何调用函数。

```
function_name(arg):
```

arg 是在调用函数时传递的数据。在这个语句中，**arg** 是一个实参。
因此，形参只是方法定义中的一个变量，实参是在调用函数时传递给方法参数的数据。

问题：默认形参是什么？
回答： 默认形参也称为可选形参。定义一个函数时，如果一个形参有默认值，那么它被称为默认形参。如果在调用函数时，没有为此形参提供任何值，那么函数将使用在函数定义中分配给它的默认值。

问题：Python 中的函数实参有哪些类型？
回答： Python 中有 3 种类型的函数实参。

- 默认参数：如果用户没有提供值，则假定为默认值。

```
def func(name = "Angel"):
    print("Happy Birthday", name)
 func()
Happy Birthday Angel
```

我们可以看到 **name** 的默认值是 **Angel**，由于用户没有为其提供任何参数，因此使用默认值。
- 关键字参数：函数调用使用参数名称来确定传入的参数值，允许函数调用时参数的顺序与函数定义时不一致，因为 Python 解释器能够用参数名匹配参数值。

```
def func(name1, name2):
    print("Happy Birthday", name1, " and ",name2,"!!!")
```

输出结果如下。

```
func(name2 = "Richard",name1 = "Marlin")
  Happy Birthday Marlin and Richard !!!
```

- 不定长参数：在处理一个函数时，如果不确定需要多少参数，则可以使用不定长参数。在函数定义中，加了星号 * 的参数会以元组的形式导入，存放所有未命名的变量参数。另一方面，加了两个星号 ** 的参数会以字典的形式导入。

```
def func(*name, **age):
    print(name)
    print(age)
func("Lucy", "Aron", "Alex", Lucy = "10",Aron ="15",Alex="12")
```

输出结果如下。

```
('Lucy', 'Aron', 'Alex')
{'Lucy': '10', 'Aron': '15', 'Alex': '12'}
```

问题：**什么是有返回值函数和无返回值函数？**
回答：调用函数时，能够返回数值的函数称为有返回值函数，不能返回数值的函数称为无返回值函数。无返回值函数也称为 **void** 函数。

问题：**使用 for 循环编写函数来计算一个数的阶乘。**
回答：代码如下。

```
def factorial(number):
```

```
        j = 1
        if number==0 | number==1:
            print(j)
        else:
            for i in range (1, number+1):
                print(j, "*",i, "=",j*i)
                j = j*i
        print(j)
```

执行代码。

```
factorial(5)
```

输出结果如下。

```
1 * 1 = 1
1 * 2 = 2
2 * 3 = 6
6 * 4 = 24
24 * 5 = 120
120
```

问题：使用 for 循环编写函数生成斐波那契级数。

回答： 斐波那契级数：0，1，1，2，3，5，8，…

设置 3 个变量：**i**、**j** 和 **k**。

- **i = 0, j =0, k =0**。
- **i =1, j =1, k =0**。
- **i>1**。

```
temp =j
j =j+k
k=temp
```

计算过程如表 5.1 所示。

表 5.1

	i	k	j
0	0	0	0
1		0	1
2		0	temp = j =1 j = j + k = 1+0 =1 k = temp =1
3		1	temp = j =1 j = j + k = 1+1 =2 k = temp =1

续表

i	k	j
4	1	temp = j =2 j = j + k = 2+1 =3 k = temp =2
5	2	temp = j =3 j = j + k = 3+2 =5 k = temp =3
6	3	temp = j =5 j = j + k = 5+3 =8 k = temp =1

```
def fibonacci_seq(num):
    i = 0
    j = 0
    k = 0
    for i in range(num):
        if i==0:
            print(j)

        elif i==1:
            j = 1
            print(j)

        else:
            temp = j
            j = j+k
            k = temp
            print(j)
```

执行代码。

```
fibonacci_seq(10)
```

输出结果如下。

```
0
1
1
2
3
5
8
13
21
34
```

问题：如何使用 while 循环编写以下代码？

【注意】在回答此问题之前，我们先来了解一下递归。

```
def test_function(i,j):
    if i == 0:
        return j;
    else:
        return test_function(i-1,j+1)
print(test_function(6,7))
```

回答：

```
def test_function(i,j):
        while i > 0:
            i =i- 1
            j = j+1
        return j
print(test_function(6,7))
```

问题：编写代码以查找两个给定数字的 HCF。

回答： HCF（Highest Common Factor）代表两个数的最大公约数或最大公因数。这意味着它是位于 1 到两个给定数字中的最小值之间，且能够完美地被两个给定数字整除（余数为零）的最大数字。

- 定义一个接收两个数字作为输入的函数 **hcf()**。

```
def hcf(x,y):
```

- 找出两个数字中的最小值。

```
    small_num = 0
if x > y:
    small_num = y
else:
    small_num = x
```

设置范围为 1～**small_num+1** 的 for 循环（因为 for 循环的操作次数比范围上限少一个数字，所以将上限取为 **small_num+1**）。在此 for 循环中，将两个数字与范围内的每个数字相除，如果有任何数字能够被这两个数字整除，则将该值分配给 **hcf**，代码如下。

```
for i in range(1,small_num+1):
        if (x % i == 0) and (y % i == 0):
            hcf = i
```

假设这两个数字是 6 和 24，首先 2 能被这两个数字整除，则 **hcf=2**。因为两个数字都可以整除 3，所以将数值 3 赋给 **hcf**。然后循环将遇到 6，数值 6 再次被两个数字整除，因此 6

将被分配给 **hcf**。由于已经达到了范围的上限，因此该函数的 **hcf** 值最终将为 6。
- 返回 **hcf** 的值。

```
def hcf(x,y):
    small_num = 0
    if x > y:
        small_num = y
    else:
        small_num = x

    for i in range(1,small_num+1):
        if (x % i == 0) and (y % i == 0):
            hcf = i
    return hcf
```

执行代码。

```
print(hcf(6,24))
```

输出结果如下。

```
6
```

变量的作用域

变量的作用域决定了在哪一部分程序可以访问哪个特定的变量名称。变量的作用域可以是局部或全局。

局部变量在函数内部定义，全局变量在函数外部定义。局部变量只能在其被声明的函数内部访问，而全局变量可以在整个程序范围内访问。

```
total = 0   # 全局变量
def add(a,b):
    sumtotal = a+b #局部变量
    print("inside total = ",total)
```

问题：以下代码的输出是什么？

```
total = 0
def add(a,b):
    global total
    total = a+b
    print("inside total = ",total)

add(6,7)
print("outside total = ",total)
```

回答： 代码的输出结果如下。

```
inside total = 13
outside total = 13
```

问题：以下代码的输出是什么？

```
total = 0
def add(a,b):
    total = a+b
    print("inside total =",total)

add(6,7)
print("outside total =",total)
```

回答： 输出结果如下。

```
inside total = 13
outside total = 0
```

问题：使用欧几里得算法编写代码来查找 HCF。

回答： 图 5.1 显示了查找 HCF 的两种方法。
左侧是查找 HCF 的传统方法，右侧是通过欧几里得算法实现的 HCF。

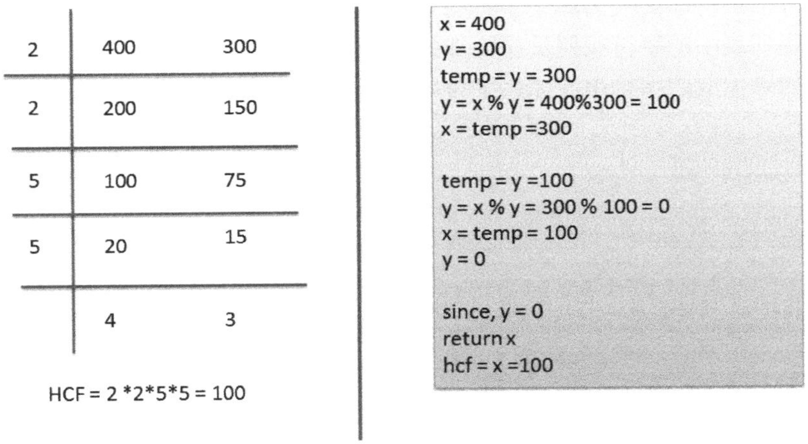

	400	300
2	200	150
2	100	75
5	20	15
5	4	3

HCF = 2 *2*5*5 = 100

```
x = 400
y = 300
temp = y = 300
y = x % y = 400%300 = 100
x = temp = 300

temp = y = 100
y = x % y = 300 % 100 = 0
x = temp = 100
y = 0

since, y = 0
return x
hcf = x =100
```

图 5.1

```
def hcf(x,y):
    small_num = 0
    greater_num = 0
    temp = 0
    if x > y:
        small_num = y
        greater_num = x
    else:
        small_num = x
        greater_num = y
```

```
        while small_num > 0:
            temp = small_num
            small_num = greater_num % small_num
            greater_num = temp
        return temp
```

执行代码。

```
print("HCF of 6 and 24 = ",hcf(6,24))
print("HCF of 400 and 300 = ",hcf(400,300))
```

输出结果如下。

HCF of 6 and 24 = 6

HCF of 400 and 300 = 100

问题：编写代码以查找在字符串中所有可能的回文（palindrome）字符串。

回答： 编写在字符串中查找所有可能的回文分区的代码将涉及以下步骤。

步骤 1 创建所有可能子字符串的列表。

步骤 2 使用 for 循环对字符串进行切片来获取所有可能的子字符串。

步骤 3 检查每个子字符串是否是回文。

步骤 4 将子字符串转换为单个字符的列表。

步骤 5 将列表中的字符按照反序添加到一个字符串中。

步骤 6 如果生成的字符串与原始字符串匹配，则它是回文。

```
def create_substrings(x):
    substrings = []
    
    for i in range(len(x)):
        for j in range(1, len(x)+1):
            if x[i:j] != '':
                substrings.append(x[i:j])
    for i in substrings:
        check_palin(i)

def check_palin(x):
    palin_str = ''
    palin_list = list(x)
    y = len(x)-1
    while y>=0:
        palin_str = palin_str + palin_list[y]
        y = y-1
    if(palin_str == x):
        print("字符串", x, "是回文")
```

执行代码。

```
x = "malayalam"
create_substrings(x)
```

输出结果如下。

```
字符串 m 是回文
字符串 malayalam 是回文
字符串 a 是回文
字符串 ala 是回文
字符串 alayala 是回文
字符串 l 是回文
字符串 layal 是回文
字符串 a 是回文
字符串 aya 是回文
字符串 y 是回文
字符串 a 是回文
字符串 ala 是回文
字符串 l 是回文
字符串 a 是回文
字符串 m 是回文
```

问题：什么是匿名函数？

回答：Python 中的 lambda 工具可以用于创建没有名称的函数，这种函数也称为匿名函数。**lambda** 函数是函数体中只有一行的非常小的函数，它不需要返回语句。

```
 total = lambda a, b: a + b
total(10,50)
60
```

问题：返回语句（return）的用途是什么？

回答：返回语句退出函数，并将值返回给函数的调用方。我们可以在下面给出的代码中看到：函数 func() 返回两个数字的和，返回值被分配给 **total**，然后输出 **total** 的值。

```
def func(a,b):
    return a+b
total = func(5,9)
print(total)
14
```

问题：以下函数的输出是什么？

```
def happyBirthday():
    print("Happy Birthday")
a = happyBirthday()
print(a)
```

回答：输出结果如下。

```
Happy Birthday
None
```

问题：以下代码的输出是什么?

```
def outerWishes():
    global wishes
    wishes = "Happy New Year"
    def innerWishes():
        global wishes
        wishes = "Have a great year ahead"
        print('wishes =', wishes)
wishes = "Happiness and Prosperity Always"
outerWishes()
print('wishes =', wishes)
```

回答： 输出结果如下。

```
wishes = Happy New Year
```

问题：将不可变对象和可变对象作为参数传递给函数有什么区别?

回答： 如果将字符串、整数或元组等不可变参数传递给函数，则对象引用将会传递给函数，而这些参数的值不会更改。它的作用类似于传递值调用，传递的只是参数的值，没有影响参数对象本身。可变对象也由对象引用传递，但它们的值可以更改。

第 6 章 类和继承

1. 模块
- 模块用于创建一组可以在不同项目中使用的函数。
- 任何包含 Python 代码的文件都可以看作一个模块。
- 使用一个模块时,必须先在代码中导入它,如下所示:
  import 模块名称
2. 面向对象
- 面向对象编程有助于维护代码可重用性的概念。
- 面向对象编程语言需要为复杂的程序创建一个可读和可重用的代码。
3. 类
- 类是对象的蓝图。
- 可以使用关键字 **class** 创建一个类。
- 类定义后面跟着函数定义,如下所示:
  class 类名:
  def 函数名(self):
4. 类的组件
类由以下组件组成。
- **class** 关键字。
- 实例和类属性。
- **self** 关键字。
- **_init_** 函数。
5. 实例和类属性

类的所有对象的类属性保持不变,而实例变量是 **__init__**()方法的参数,这些值对于不同的对象是不同的。

6. self
- **self** 类似于 Java 中的 **this** 或者 C++中的指针。
- Python 中的所有函数在函数定义中都有一个特殊的参数(**self**),即使调用了任何函数,也不会为该参数传递任何值。

- 如果有一个函数不带参数，仍然需要在函数定义中提到 **self**。
7. __init__()方法
- 类似于 Java 中的构造函数。
- 它用于初始化对象，一旦对象被实例化，就会调用__init__()。

问题：以下代码的输出是什么？

```
class BirthdayWishes:
    def __init__(self, name):
        self.name = name
    def bday_wishes(self):
        print("Happy Birthday ",self.name,"!!")
bdaywishes = BirthdayWishes("Christopher")
bdaywishes.bday_wishes()
```

回答：输出结果如下。

```
Happy Birthday Christopher !!
```

问题：什么是类变量和实例变量？
回答：类变量和实例变量定义如下。

```
class Class_name:
    class_variable_name = static_value

    def __init__(instance_variable_val):
        Instance_variable_name = instance_variable_val
```

类变量具有以下特性。
- 它们在类结构中定义。
- 它们属于类本身。
- 它们由类中的所有实例共享。
- 每个实例的值通常相同。
- 它们在类标题之后定义。
- 可以使用点运算符和类名来访问类变量，如下所示：
  类名称.类变量名称

另外，实例变量有如下特征。
- 属于实例。
- 不同实例的实例变量值不同。
- 必须创建类实例才能访问实例变量，如下所示：
  实例名称=类名称()

实例名称.实例变量名称

问题：以下代码的输出是什么？

```
class sum_total:
    def calculation(self, number1,number2 = 8,):
        return number1 + number2
st = sum_total()
print(st.calculation(10,2))
```

回答：输出结果如下。

```
12
```

问题：何时调用__init__()函数？

回答：在实例化新对象时调用__init__()函数。

问题：以下代码的输出是什么？

```
class Point:
    def __init__(self, x=0,y=10,z=0):
        self.x = x + 2
        self.y = y + 6
        self.z = z + 4
p = Point(10, 20,30)
print(p.x, p.y, p.z)
```

回答：输出结果如下。

```
12 26 34
```

问题：以下代码的输出是什么？

```
class StudentData:
    def __init__(self, name, score, subject):
        self.name = name
        self.score = score
        self.subject = subject
    def getData(self):
        print("the result is {0}, {1}, {2}".
format(self.name, self.score, self.subject))
sd = StudentData("Alice",90,"Maths")
sd.getData()
```

回答：输出结果如下。

```
the result is Alice, 90, Maths
```

问题：以下代码的输出是什么？

```
class Number_Value:
    def __init__(self, num):
        self.num = num
        num = 500
num = Number_Value(78.6)
print(num.num)
```

回答：输出结果如下。

```
78.6
```

继承

面向对象编程的主要好处是代码的重用，实现这种重用的一个方法是通过继承机制。在继承机制中，有一个超类（又称基类、父类）和一个子类（又称派生类）。子类将具有超类中不存在的属性。例如，我们需要为一只狗 Kennel 制作一个软件程序。为此，可以创建一个 **dog** 类，它具有在所有狗中都很常见的特性。然而每一个特定的品种都会有差异，所以我们可以为每个品种创建类，这些类将继承 **dog** 类的公共特性，并且具有自己的独特属性，使一个类不同于另一个类。接下来，我们将尝试逐步创建一个类，然后创建它的子类来查看它是如何工作的。为了理解它背后的机制，我们通过一个简单的例子来进行介绍。

步骤 1 首先使用关键字 **class** 定义一个类，如下所示。

```
class dog():
```

步骤 2 现在已经创建了一个类，可以为它创建一个方法。对于这个例子，我们创建了一个简单的方法，当调用它时，打印一条简单的消息：*I belong to a family of Dogs*。

```
def family(self):
    print("I belong to family of Dogs")
```

目前的代码如下。

```
class dog():
    def family(self):
        print("I belong to family of Dogs")
```

步骤 3 创建一个 **dog** 类的对象，代码如下。

```
c = dog()
```

步骤 4 类的对象可用于使用点"."运算符来调用 **family()** 方法，代码如下。

```
c.family()
```

截止到步骤 4，整体代码如下。

```
class dog():
    def family(self):
        print("I belong to family of Dogs")
c = dog()
c.family()
```

当执行程序时，得到以下输出结果。

```
I belong to family of Dogs
```

下面将继续讨论广泛应用于面向对象编程中的继承的实现。通过使用继承，可以不对现有的类进行任何修改而创建一个新的类。现有类被称为基类，继承它的新类称为派生类。派生类将可以访问基类的功能。

现在创建一个继承类 dog 的类 germanshepherd，代码如下。

```
class germanShepherd(dog):
    def breed(self):
        print("I am a German Shepherd")
```

类 **grermanshepherd** 的对象可调用 **dog** 类的方法，代码如下。

```
Final program
class dog():
    def family(self):
        print("I belong to family of Dogs")
class germanShepherd(dog):
    def breed(self):
        print("I am a German Shepherd")

c = germanShepherd()
c.family()
c.breed()
```

输出结果如下。

```
I belong to family of Dogs
I am a German Shepherd
```

通过查看上面的代码，可以看到 **germanshepherd** 类的对象可调用 **dog** 类的方法。

通过使用继承，一个类能够派生出任意数量的子类。

下面的代码创建了另一个派生类 **Husky**。**germaShepherd** 和 **husky** 这两个类调用 **dog** 类中的 **family** 方法和自己类中的 **breed** 方法。

```
class dog():
    def family(self):
        print("I belong to family of Dogs")

class germanShepherd(dog):
    def breed(self):
        print("I am a German Shepherd")

class husky(dog):
    def breed(self):
        print("I am a husky")
g = germanShepherd()
g.family()
g.breed()
h = husky()
h.family()
h.breed()
```

输出结果如下。

```
I belong to family of Dogs
I am a German Shepherd
I belong to family of Dogs
I am a husky
```

派生类可以重写其基类的任何方法。

```
class dog():
    def family(self):
        print("I belong to family of Dogs")

class germanShepherd(dog):
    def breed(self):
        print("I am a German Shepherd")
class husky(dog):
    def breed(self):
        print("I am a husky")
    def family(self):
        print("I am class apart")
g = germanShepherd()
g.family()
g.breed()
h = husky()
h.family()
h.breed()
```

输出结果如下。

```
I belong to family of Dogs
I am a German Shepherd
I am class apart
I am a husky
```

派生类中的方法可以调用基类中具有相同名称的方法。

如下面的代码，类 **husky** 有一个 **family()** 方法，它先调用基类中的 **family()** 方法，然后添加自己的代码。

```python
class dog():
    def family(self):
        print("I belong to family of Dogs")


class germanShepherd(dog):
    def breed(self):
        print("I am a German Shepherd")

class husky(dog):
    def breed(self):
        print("I am a husky")
    def family(self):
        super().family()
        print("but I am class apart")
g = germanShepherd()
g.family()
g.breed()
h = husky()
h.family()
h.breed()
```

输出结果如下。

```
I belong to family of Dogs
I am a German Shepherd
I belong to family of Dogs
but I am class apart
I am a husky
```

问题：**什么是多重继承？**

回答：如果一个类派生自多个类，则称为多重继承。

问题：**A 是 B 的一个子类。如何从 A 调用 B 中的 __init__ 函数？**

回答：可以通过以下两种方法从 A 调用 B 中的 __init__ 函数。

- super().__init__()。
- __init__(self)。

问题：**在 Python 中，如何定义鸟和鹦鹉之间的关系？**

回答：继承。鹦鹉是鸟类的一个亚纲。

问题：**火车和窗户之间的关系是什么？**

回答：合成。

问题：学生和学科之间的关系是什么？
回答：关联。

问题：学校和老师之间的关系是什么？
回答：合成。

问题：以下代码的输出是什么？

```
class Twice_multiply:
    def __init__(self):
        self.calculate(500)

    def calculate(self, num):
        self.num = 2 * num;
class Thrice_multiply(Twice_multiply):
    def __init__(self):
        super().__init__()
        print("num from Thrice_multiply is", self.num)

    def calculate(self, num):
        self.num = 3 * num;
tm = Thrice_multiply()
```

回答：输出结果如下。

```
num from Thrice_multiply is 1500
>>>
```

问题：对于以下代码，是否有方法可以证明 tm 是否为 Thrice_multiply 的对象？

```
class Twice_multiply:
    def __init__(self):
        self.calculate(500)
    def calculate(self, num):
        self.num = 2 * num;
class Thrice_multiply(Twice_multiply):
    def __init__(self):
        super().__init__()
        print("num from Thrice_multiply is", self.num)
    def calculate(self, num):
        self.num = 3 * num;
tm = Thrice_multiply()
```

回答：可以使用 **isinstance()** 函数来检查实例是否属于类。

```
isinstance(tm,Thrice_multiply)
```

第 7 章 文件

到目前为止，我们已经学习了如何在 Python 中实现逻辑，以编写能够完成某些任务的代码块。本章将介绍如何使用 Python 处理文件。可以从文件中读取数据，也可以将数据写入文件。你不仅可以访问互联网，还可以使用 Python 编程语言查看电子邮件和社交媒体账户。

文件具有永久位置，它存在于计算机磁盘的某个地方，可以随时被引用。文件存储在硬盘的非易失性存储器中，这意味着即使关闭计算机，文件中的信息也会保留。

如果要处理一个现有的文件，则必须先打开该文件。使用 Python 中的内置函数 **open()** 来打开一个文件。当使用 **open()** 函数时，Python 会返回一个文件对象，该对象可用于读取或修改文件内容。如果文件存在于安装 Python 的同一目录中，则不需要给出整个路径名。但是，如果位置不同，则必须给定文件的整个路径。

在下面这个示例中，我们将尝试在当前路径 **python/home/pi** 下创建一个名为 **learning_files.txt** 的文件。

文件内容如下。

I am great a learningfiles
See how Good I am at opening Files
Thank you Python

请看下面的代码。

```
>>> f_handle = open("learning_files.txt")
>>> print(f_handle.read())
```

如果文件不可用，则将显示以下错误消息。

```
>>> f_handle = open("llllearning_files.txt")
Traceback (most recent call last):
  File "<pyshell#0>", line 1, in <module>
    f_handle = open("llllearning_files.txt")
FileNotFoundError: [Errno 2] No such file or directory: ' llllearning_files.txt'
>>>
```

输出结果如下。

```
I am great a learning files
See how Good I am at opening Files
Thank you Python
```

Python定义了文件模式，可以在打开文件时指定文件模式。这些文件模式定义了在打开文件后可以对文件执行怎样的操作。如果在打开文件时未指定模式，则文件将被视为默认模式。各种模式如下。

步骤1 "r"也是默认模式，该模式意味着文件是以读取为目的打开的。上面的示例已经展示了读取模式的用法。为了解释"r"文件模式的用法，我们创建了一个名为test.txt的文件，文件内容如下。

```
"I am excited about writing on the file using Python for the first time.
Hope You feel the same."
```

然后执行以下命令。

```
>>> f_handle = open("test.txt",'r')
>>> f_handle.read(4)
```

上述代码的输出结果如下。
'I am'

f_handle.read(4) 从文件中检索前4个字符并显示。

步骤2 "w"表示写入。这意味着要向打开的文件写入信息。如果提到的文件不存在，则将创建一个新文件。

```
>>> f_handle = open("test.txt",'w')
>>> f_handle.write("I am excited about writing on the file using Python for the first time.")
71
>>> f_handle.write("Hope you feel the same.")
22
>>> f_handle.close()
>>>
```

因此，如果现在打开文件，则在传递其他任何写入指令之前，文件的原始内容如下。

```
The original content of the file before passing the write instructions was:
"I am excited about writing on the file using Python for the first time. Hope you feel the same."
If you open the file after passing "write" instructions now the contents of the file will be as follows:
"Hi I have opened this file again and I feel great again."
```

我们可以看到，前面的几行文字（*I am excited about writing on the file using Python for the first time. Hope you feel the same.*）已经从文件中删除了。

现在，关闭文件并尝试在文件中再次写入内容。

```
>>> f_handle = open(test.txt",'w')
>>> f_handle.write("\n Hi I have opened this file again and I feel great again.")
58
>>> f_handle.close()
>>>
```

再次传递写入指令后打开文件，文件的内容如下。

步骤 3　"x"代表新建一个文件，如果文件已经存在，将显示一个错误。接下来看一下如果尝试对已经存在的 **test.txt** 文件使用"x"模式会发生什么。

```
>>> f_handle = open("F:/test.txt",'x')
Traceback (most recent call last):
  File "<pyshell#1>", line 1, in <module>
    f_handle = open("F:/test.txt",'x')
FileExistsError: [Errno 17] File exists: 'F:/test.txt'
```

步骤 4　"a"用于追加到现有文件。如果文件不存在，则将创建新文件。因此，现在我们可以尝试将新文本添加到已经存在的文件中。

test.txt 文件的内容如下。

```
"I am excited about writing on the file using Python for the first time.
Hope You feel the same."
```

接下来我们将尝试在其中添加以下行。

```
"Hi I have opened this file again and I feel great again."
```

执行以下代码。

```
>>> f_handle = open("test.txt",'a')
>>> f_handle.write("Hi I have opened this file again and I feel great again.")
56
>>> f_handle.close()
>>>
```

输出结果如下。

```
I am excited about writing on the file using Python for the first time.
Hope You feel the same.

Hi I have opened this file again and I feel great again.
```

步骤 5　"t"用于以文本模式打开文件，"b"用于以二进制模式打开文件。
请注意上面示例中的 **f_handle.close()** 命令。在停止处理文件后使用 **close()** 命令以释放操作系统资源是非常重要的。

更好的文件处理方法是将与文件读取相关的代码保存在一个 **try** 块中，代码如下。

```
>>> try:
        f_handle = open("llllearning_files.txt")
        content = f_handle.read()
        f_handle.close()
except IOError:
        print("不能找到文件，请再次检查。")
        exit()
```

输出结果如下。

```
不能找到文件，请再次检查。
```

在上述代码中，给定的文件名并不存在于相应位置。因此，Python 将忽略 **try** 块的剩余代码，并执行在 **except** 块中编写的代码。**except** 块提供了一个更简单、更友好的消息，用户更容易理解。如果没有 **try expect** 块，将显示以下消息。

```
Traceback (most recent call last):
  File "<pyshell#10>", line 1, in <module>
    f_handle = open("llllearning_files.txt")
FileNotFoundError: [Errno 2] No such file or directory: 'llllearning_files.txt'
```

相比于 **except** 块中给出的消息，这个错误很抽象。

下面来了解一些常见的文件系统类型操作，如移动、复制等。

如果要将此文件的内容复制到另一个文件，则需要导入以下代码中的 **shutil**。

```
>>> import shutil
>>> shutil.copy("F:/test.txt","F:/test1.txt")
'F:/test1.txt'
```

输出结果为 **test1.txt** 文件的内容。

我们可以使用 **move** 命令移动文件或更改文件名，代码如下。

```
>>> import shutil
>>> shutil.move("test.txt","test2.txt")
'test2.txt'
>>>
```

上述指令将文件名由 **test.tx** 更改为 **test2.txt**。

Python 提供的另一个重要的包是 **glob**。**glob** 包允许使用 **star***操作符创建特定类型文件的列表。

```
>>> import glob
>>> glob.glob("*.txt")
['important.txt', 'learning_files.txt', 'test1.txt', 'test2.txt']
>>>
```

第二部分
Python 数据结构与算法

- 第 8 章　算法分析与大 O 符号
- 第 9 章　基于数组的序列
- 第 10 章　栈、队列和双端队列
- 第 11 章　链表
- 第 12 章　递归
- 第 13 章　树
- 第 14 章　搜索和排序

第 8 章 算法分析与大 O 符号

8.1 算法

算法是为解决问题而执行的过程或指令集。编码需要以算法形式表达程序逻辑。算法提供完成特定编程任务所需的方法、流程或简单的指令序列。因此，对于像两个数字相加这样简单或像设计银行业务程序一样复杂的事情，都需要系统的方法。在开始编码部分之前，创建一个有意义的实现流程非常重要。对于简单的程序，通过逻辑思维很容易创建算法。还有一些著名的算法可用于解决复杂的问题，因此经常用于编码。

问题：编写算法的步骤是什么？
回答：编写算法有 3 个主要步骤。
步骤 1 数据输入。
- 提出问题并确定输入的数据类型。

步骤 2 数据处理。
- 确定进行怎样的计算以获得所需的结果。
- 确定各种函数运行的决策点和条件。

步骤 3 结果输出。
- 应了解预期结果，以便通过实际结果进行验证。

问题：算法的特点是什么？
回答：算法有以下 5 个特点。
- 精度：它清楚地定义了一个单一起点和一个或多个定义明确的终点。
- 有效性：它由有效的原语组成，这些原语可以由使用它的人或机器理解。
- 指定输入/输出：算法必须接收输入，并且还必须生成输出。
- 有限性：执行有限步骤后，算法停止。
- 唯一性：在算法中，每个步骤的结果都是唯一定义的，其值仅取决于提供的输入和前一步骤生成的输出。

问题：解决问题的意义是什么？
回答：解决问题是一个逻辑过程，在这个过程中，问题首先被分解为可以逐步解决以获得所需解决方案的较小部分。

问题：将列表元素按特定顺序放置的算法是什么？

回答： 以一定顺序放置列表元素的算法称为**排序算法**。排序算法通过对输入进行排序来发现结构，排序通常是优化其他算法效率所必需的。排序算法的输出是非递减顺序，其中没有一个元素小于输入的原始元素，并且输出重新排序但保留输入的所有元素，这些元素通常是数组形式。

一些常见的排序算法如下。

- 简单排序。
a）插入排序
b）选择排序
- 高效排序。
a）归并排序
b）堆排序
c）快速排序
d）希尔排序
- 冒泡排序。
- 分布排序。
a）计数排序
b）桶排序
c）基数排序

问题：哪种算法使用更小或更简单的输入值来调用算法本身？

回答： 递归算法使用较小的输入值调用算法自身。如果一个问题可以通过使用算法的较小版本来解决问题，则可以使用递归算法。

问题：分治算法的目的是什么？在哪里使用？

回答： 顾名思义，分治算法将问题分成更小的部分。通过解决这些较小的部分，从而得到原始问题的解决方案。分治算法用于二进制搜索、归并排序、快速排序等。

问题：什么是动态规划？

回答： 在动态问题中，优化问题被分解成更简单的子问题，每个子问题只解决一次并存储结果。例如，斐波那契序列（将在第 12 章中介绍）。

8.2 大 O 符号

大 O 符号（Big-O Notation）有助于分析如果增加流程中涉及的数据，算法将如何执行，简单地说，它简化了对算法效率的分析。

由于算法是软件编程的一个重要组成部分，因此对算法的运行时间有一定的了解是很重要的，只有这样才能对两种算法进行比较。一个好的开发人员在规划编码过程时总是考虑时间复杂性，这有助于确定算法运行的时间。

大 O 分析具有以下特征。
- 根据输入大小 n 给出算法复杂度。
- 只考虑算法中涉及的步骤。
- 大 O 分析可用于分析时间和空间。

一个算法的效率可以用最佳、平均或最坏的情况来衡量，但是大 O 符号适用于最坏的情况。

一个任务可能以不同的方式实现，这意味着对于具有不同复杂性和可伸缩性的同一任务，可以有不同的算法。

现在，假设有两个函数。

常数复杂度：**[O(1)]**。无论输入值如何，任何常量任务在运行期间都不会经历变化。

```
>>> x = 5 + 7
>>> x
12
>>>
```

语句 x=5+7 不以任何方式依赖于数据的输入大小，这被称为 O(1)。

假设有一系列的步骤，所有的时间都是常量，代码如下。

```
>>> a=(4-6)+ 9
>>> b = (5 * 8) +8
>>> print(a * b)
336
>>>
```

现在，计算这些步骤的大 O。

总时间= **O(1)+O(1)+O(1)**

= **3O(1)**

在计算大 O 时，忽略了常量，因为一旦数据大小增加，常量的值就无关紧要了。

因此，大 O 是 **O(1)**。

线性复杂度：**[O(n)]**。在线性复杂度的情况下，所用的时间取决于所提供的输入值。

假设需要输出行数为 5 的表格。请看下面的代码。

```
>>> for i in range(0,n):
print("\n 5 x ",i, "=",5*i)
```

输出表格的行数取决于输入值 n 的大小。当 **n=10** 时，输出行数为 10 的表格；但当 **n=1000** 时，执行 for 循环将花费更多时间。

print 语句的线性复杂度为 **O(1)**。

因此，代码块的线性复杂度是 **n · O(1)**，也就是 **O(n)**。
查看以下代码。

```
>>> j = 0                      ------(1)
>>> for i in range(0,n):       ------(2)
    print("\n 5 x ",i, "=",5*i)
```

第一种情况的线性复杂度是 **O(1)**。

第二种情况的线性复杂度为 **O(n)**。

总时间= **O(1)+ O(n)**

由于上式中的 **O(1)** 是一个低阶项，因此可以忽略不计。随着 **n** 值的不断增加，**O(1)** 逐渐变得无关紧要，程序运行时实际上依赖于 for 循环。

因此，上述代码中的大 O 是 **O(n)**。

平方复杂度：[O(n²)]。就像平方复杂度名称表示的一样，程序运行所用的时间取决于输入值的平方。嵌套循环可能属于这种情况，代码如下。

```
>>> for i in range (0,n):
    for j in range(0,n):
        print("I am in ", j, "loop of i = ", i, ".")
```

在这段代码中，**print** 语句执行 n^2 次。

对数复杂度。对数复杂度表明，在最坏的情况下，算法执行的步骤数为 **log(n)**。为了理解这一点，首先要了解对数的概念。

对数运算是幂运算的逆运算。

以 2^3 为例，2 是底数，3 是指数。因此，以 2 为底的 8 的对数（$\log_2 8$）等于 3。同样，10 的 5 次幂（10^5）的值为 100000，则以 10 为底的 100000 的对数（$\log_{10} 100000$）为 5。

由于计算机使用二进制数，因此在编程和大 O 中，通常使用底数为 2 的对数。

请看下面的值运算。

2^0= 1, $\log_2 1 = 0$

2^1= 2, $\log_2 2 = 1$

2^2= 4, $\log_2 4 = 2$

2^3= 8, $\log_2 8 = 3$

2^4= 16, $\log_2 16 = 4$

这意味着如果 **n=1**，则步骤数为 1；如果 **n=4**，则步骤数为 2；如果 **n=8**，则步骤数为 3。因此，当数据加倍时，步数增加 1。与数据大小的增长相比，步骤数的增长相对缓慢。

在软件编程中，对数复杂度的最好例子是二进制搜索树，本书将在基于树的章节中介绍更多关于二进制搜索树的信息。

问题：算法在最坏情况下的时间复杂性是什么？

回答：在计算机科学中，最坏情况下的时间复杂性意味着在执行程序时所消耗的时间是一个算法可以花费的最长运行时间。通过观察最坏情况下复杂度的增长顺序，可以比较算法的效率。

问题：大 O 符号的重要性是什么？

回答：大 O 符号描述了算法的运行时间相对于输入大小的增长速度。大 O 符号可以让你对算法的规模有一个很好的了解，也可以帮助你了解为项目设计的算法的最坏情况的复杂度。可以对两种算法进行比较并确定哪种算法更适合。

问题：当可以获取一段代码的确切运行时间时，算法的运行时间分析的需求是什么？

回答：算法确切的运行时间可能因机器硬件、处理器速度和后台运行的其他处理器的不同而有所差异，因此不考虑确切的运行时间。更重要的是，要了解输入数据的增加会如何影响算法的性能。

问题：大 O 分析也被称为＿＿＿＿＿＿。

回答：渐近分析。

问题：通过渐近符号能了解什么？

回答：了解程序的运行速度是非常重要的。如前所述，由于不同的计算机具有不同的硬件功能，因此我们并不需要考虑确切的运行时间，同时，通过确切的运行时间可能无法获得正确的信息。

为了解决这一问题，相关专业人士提出了渐近符号的概念。它提供了一种测量算法速度和效率的通用方法。对于处理大量输入的应用程序，随着输入的增加，我们对算法的行为更感兴趣。大 O 符号是重要的渐近符号之一。

问题：为什么大 O 符号表示为 O(n)？

回答：大 O 符号比较各种输入大小的运行时间，而 n 符号关注点仅在于输入大小对运行时间的影响，因此使用 n 符号进行表示。随着 n 值的增加，我们唯一需要关注的是它如何影响运行时间。如果直接测量运行时间，那么测量单位应该是时间单位，如秒、微秒等。但是，在这种情况下，"n" 代表输入的大小，"O" 代表"阶"（Order）。因此，**O(1)**代表 1 阶的大 O，**O(n)**代表 n 阶的大 O，**O(n²)**代表输入大小的平方阶的大 O。

大 O 符号和名称如下。

- 常数阶——**O(1)**。
- 对数阶——**O(log(n))**。
- 线性阶——**O(n)**。
- 线性对数阶——**O(n log(n))**。
- 平方阶——**O(n²)**。
- 立方阶——**O(n³)**。
- 指数阶——**O(2ⁿ)**。

问题：用 Python 编写一个代码，该代码输入一个字母列表，如['a', 'b', 'c', 'd', 'e', 'f', 'g']，并返回一个组合列表，如['abcdefg', 'acdefg', 'abdefg', 'abcefg', 'abcdfg', 'abcdeg', 'abcdef']。计算代码的时间复杂性。

回答：输出结果如下。

```
input_value = input("输入以逗号分隔的字母列表：")
alphabets = input_value.split(',')
final = []
str = ''
for element in range(0,len(alphabets)):
    for index, item in alphabets:
        if(item != alphabets[element]):
            str = str+item
    final.append(str)
    str=''
```

执行代码。

```
print(final)
```

输出结果如下。

```
输入以逗号分隔的字母列表：a,b,c,d,e,f,g
['bcdefg', 'acdefg', 'abdefg', 'abcefg', 'abcdfg', 'abcdeg', 'abcdef']
>>>
```

结论：代码的运行时间为 **O(n^2)**。

问题：下面的代码用于计算列表中所有元素的总和，算法的时间复杂度是什么？

```
def sum(input_list):
    total = 0
    for i in input_list:
        total = total + i
    print(total)
```

回答：

def sum(input_list):

total = 0　　　　　　　　------(1)

for i in input_list:　　　　------(2)

total = total + i

print(total)　　　　　　　------(3)

代码块（1）的时间=**O(1)**

代码块（2）的时间=**O(n)**

代码块（3）的时间=**O(1)**

总时间= **O(1)**+ **O(n)**+ **O(1)**
去除常量阶
总时间= **O(n)**

问题：时间复杂度的利弊是什么？
回答：
- 正面意见：这是了解算法效率的好方法。
- 负面意见：很难评估复杂函数的复杂度。

问题：时间复杂度和空间复杂度有什么区别？
回答： 时间复杂度给出了解决问题所涉及的步骤的数量。复杂度一般按升序排列，如下所示。

O(1)< O(log n)< O(n)< O(n logn)< O(n^2)

与内存可以重用相比，人们对计算的速度更感兴趣。这就是时间复杂度比空间复杂度更常被讨论的主要原因。然而，空间复杂度从未被忽视。空间复杂度决定了完全运行一个程序需要多少内存。内存用途如下。
- 指令空间。
- 常量、变量、结构化变量、动态变化区域等的知识空间。
- 执行代码。

问题：辅助空间和空间复杂度有什么区别？
回答： 辅助空间是执行算法时需要的额外或者暂时的存储空间。空间复杂度是指算法需要的所有存储空间，它包括辅助空间和保存输入的存储空间：
空间复杂度=辅助空间+保存输入的存储空间

问题：执行算法时内存使用情况如何？
回答： 内存用于以下情况。
- 保存指令的编译版本。
- 对于嵌套函数或某个算法，调用另一个算法时，变量被推送到系统堆栈，并等待内部算法完成执行。
- 存储数据和变量。

通过上面内容的介绍，我们已经了解了时间复杂度。下面继续讨论空间复杂度。顾名思义，空间复杂度描述了如果输入 **n** 的大小增加，需要多少内存空间。这里我们也考虑最坏的情况。

查看下面的代码。

```
>>> x = 23                    (1)
>>> y = 34                    (2)
>>> sum = x + y               (3)
>>> sum
```

```
57
>>>
```

本例需要空间来存储 3 个变量：（1）中的 **x**、（2）中的 **y** 和（3）中的 **sum**。这种情况不会改变，并且对 3 个变量的需求是常数，因此空间复杂度是 **O(1)**。

查看下面的代码。

```
word = input("输入一个词: ")
word_list = []
for element in word:
    print(element)
    word_list.append(element)
print(word_list)
```

word_list 的大小随 **n** 的增大而增大。因此，在这种情况下，空间复杂性为 **O(n)**。

假设函数 **function1** 有 3 个变量，而 **function1** 调用的另一个函数 **function2** 有 6 个变量，那么临时工作空间的总体需求是 9 个单元。即使 **function1** 调用 **function2** 十次，工作空间的需求也保持不变。

问题：下面这段代码的空间复杂度是什么？解释一下。

```
n = int(input("提供一个数值: "))
statement = "生日快乐"
for i in range(0,n):
print(i+1, ". ",statement)
```

回答：以上代码的空间复杂度为 **O(1)**，因为空间要求仅用于存储整数变量 **n** 和字符串语句的值。即使 **n** 的大小增加，空间需求也保持不变，因此，空间复杂度为 **O(1)**。

问题：以下各项的时间和空间复杂度是什么？

```
a = b = 0
for i in range(n):
    a = a + i
for j in range(m):
    b = b + j
```

回答：

第一个循环的时间复杂度为 **O(n)**。

第二个循环的时间复杂度为 **O(m)**。

总时间= **O(n)** + **O(m)**=**O(n+m)**。

空间复杂度为 **O(1)**。

问题：计算以下代码的时间复杂度。

```
a = 0
for i in range(n):
```

```
            a = a + i
            for j in range(m):
                a = a + i + j
```

回答：时间复杂度为 $O(n^2)$。

问题：以下代码的时间复杂度是多少？

```
i = j = k =0
for i in range(n/2,n):
    for j in range(2,n):
        k = k+n/2
    j = j*2
```

回答：

第一个 for 循环的时间复杂度为 $O(n/2)$。

第二个 for 循环中因为 j 小于 n 时都将自身加倍，所以时间复杂度为 $O(logn)$。

总时间= $O(n/2) \times O(logn) = O(nlogn)$。

问题：以下代码的时间复杂度是多少？

```
i = a = 0
while i>0:
    a = a+i
    i = i/2
```

回答：时间复杂度为 $O(logn)$。

Python 语言包含可变对象和不可变对象。数字、字符串和元组属于后面的一类，而列表、集合和字典数据类型是可变对象。列表和字典之所以被称为可变的，是因为它们可以随时修改。列表和字典类似于数组，通过提供索引值可以轻松地插入或删除数据元素。同时由于列表可以轻松地从任何点添加或删除值，因此列表被视为动态的，称为动态数组。列表有以下几个特点。

- 列表的大小可以在运行时动态修改。
- 创建列表时无须定义列表的大小。
- 它们允许存储多个变量。
- 动态数组一旦填满就分配更大的内存块，原始数组的元素被复制到这部分内存中，因此它可以继续填充可用的插槽。

在列表上执行的重要操作如下。

- 索引。
- 为索引值赋值。

上述两种方法均设计为在常数阶时间复杂度 $O(1)$ 下运行。常用列表操作的大 O 如下。

- 从列表中找出某个值第一个匹配项的索引位置（index[]）：$O(1)$。

- 索引分配：**O(1)**。
- 在列表末尾添加新的对象（append）：**O(1)**。
- 移除列表中的最后一个元素 pop()：**O(1)**。
- 移除列表中的一个索引为 i 的元素 pop(i)：**O(n)**。
- 将对象插入列表[**insert(i, item)**]：**O(n)**。
- 删除运算符：**O(n)**。
- 包含：**O(n)**。
- 获取切片[x:y]：**O(k)**。
- 删除切片：**O(n)**。
- 设置切片：**O(n+k)**。
- 反转：**O(n)**。
- 连接：**O(k)**。
- 排序：**O(nlogn)**。
- 相乘：**O(nk)**。

字典是哈希表的实现，可以使用键和值进行操作。

常见字典对象的大 O 效率如下。

- 复制：**O(n)**。
- 获取项：**O(1)**。
- 设置项：**O(1)**。
- 删除项：**O(1)**。
- 包含：**O(1)**。
- 迭代：**O(n)**。

第 9 章 基于数组的序列

本章将介绍信息如何存储在低级计算机体系结构中,以便了解数组序列的工作原理。

计算机中最小的数据单位是比特 bit(0 或 1)。一个字节为 8bit,因此一个字节有 8 位二进制数字。字母、数字或符号等字符均以字节存储。计算机系统存储器具有大量字节,在存储器地址的帮助下跟踪信息在这些字节中的存储方式。每个字节都有一个唯一的内存地址,这使跟踪信息更容易。

图 9.1 描绘了较低级别的计算机内存,它显示了具有连续地址的单个字节的一小部分内存。

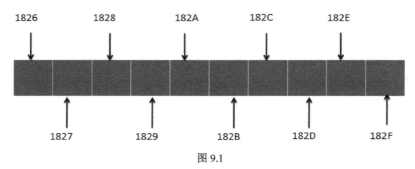

图 9.1

计算机系统硬件的设计使主存储器可以很容易地访问系统中的任何字节。主存储器位于 CPU,称为 RAM。无论地址如何都可以轻松访问任何字节。存储器中的每个字节都可以在常量时间(constant time)内存储或检索,因此其时间复杂度的大 O 表示法为 **O(1)**。

在值的标识符和存储它的存储器地址之间存在一个链接,编程语言将持续跟踪这个关联。变量 **student_name** 存储学生的姓名,**class_teacher** 存储班级教师的姓名。编程语言通常需要跟踪所有相关对象。如果想跟踪学生在不同科目中的分数,那么最好将这些值分组到一个名称下,为每个值分配一个索引,并使用索引来检索所需的值。这可以在数组的帮助下完成,数组只是一个连续的内存块。

Python 内部以 2 个字节存储每个 Unicode 字符,因此如果想在 Python 中存储 5 个字母的单词(如 STATE),则图 9.2 所示就是该单词存储在内存中的方式。

由于每个 Unicode 字符占用 2 个字节,因此单词 "STATE" 被存储在内存的 10 个连续字节中。这是一个由 5 个字符组成数组的例子。数组的每个位置都称为单元。每个数组元素都被编号,其位置称为索引。换句话说,索引描述了元素的位置,如表 9.1 所示。

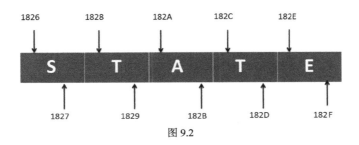

图 9.2

表 9.1

索引	元素	内存位置
0	S	1826&1827
1	T	1828&1829
2	A	182A&182B
3	T	182C&182D
4	E	182E&182F

数组的每个单元必须使用相同的字节数。

数组第一个元素的实际地址称为基址。假设上面提到的数组名称是 **my_array[]**，则其基址是 1826。有了基址信息，便能利用下面的表达式很容易地计算出数组中任何元素的地址。

my_array [index]=基地址+（存储一个数组元素所占用的字节数）× **index**

其中，**index** 表示的是数组中元素的索引号。

因此，**my_array[3]**的地址=1826+2 × 3=1826+6=182C。

在简单了解了数组是如何存储在计算机体系结构中之后，接下来回到程序员更关心的数组高层次使用——数组元素和索引。

在一个数组中，每个单元必须占用相同的字节数。假设需要为食物菜单保存字符串值，名称可以是不同的长度。在这种情况下，可以考虑使用我们能想到的最长的名称来占用足够的空间，但这似乎不是明智的做法，因为这个过程浪费了大量的空间，而且可能存在一个名称比所想到的最长的名称还长。在这种情况下，一个明智的解决方案是使用对象引用的数组，如图 9.3 所示。

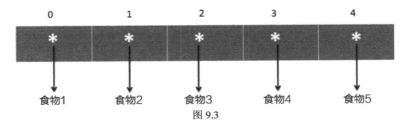

图 9.3

在使用对象引用的数组时，数组的每个元素实际上都是对象的引用。这样做的好处是每个字符串值的对象可以有不同的长度，但是地址将占用相同数量的单元。这有助于保持 $O(1)$ 阶的常数时间因子。

在 Python 中，列表本质上属于引用内容，它们将指向地址的指针存储在内存中，每个内存地址都需要一个固定的 64 位空间。

问题：假设有一个含有整数值的列表 integer_list。当执行以下命令时会发生什么？
integer_list[1] += 7
回答：在这种情况下，索引 1 处的整数值不会改变，而是指向用于存储新值（**integer_list[1]** +7 之和）的内存中的空间。

问题：下面对列表的理解是否正确？
单个列表实例可以包含多个作为列表元素的相同对象的引用。
回答：正确。

问题：一个对象可以是两个或多个列表的元素吗？
回答：可以。

问题：当获取列表的切片时会发生什么？
回答：当获取列表切片时，Python 将创建一个新的列表实例。这个新列表实际上包含对父列表中相同元素的引用。

```
>>> my_list = [1, 2,8,9, "cat", "bat", 18]
>>> slice_list = my_list[2:6]
>>> slice_list
[8, 9, 'cat', 'bat']
>>>
```

结构如图 9.4 所示。

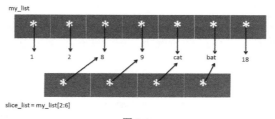

图 9.4

问题：假设将 slice_list 中索引为 1 的元素值更改为 18（见图 9.4）。如何在图表中表示这一点？
回答：表达式 **slice_list[1]=18** 实际上正在将前面指向值为 9 的引用更改为指向值为 18 的

另一个引用。实际的整型对象不会更改，只会将引用从一个位置移动到另一个位置，如图 9.5 所示。

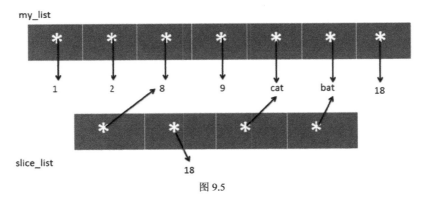

图 9.5

Python 有一个名为 **copy** 的模块，它允许对可变对象进行深复制或浅复制。

赋值语句可用于在目标和对象之间创建绑定（binding）关系，但是它不能用于复制对象。

Python 的 **copy** 模块定义了一个 **deepcopy()** 函数，该函数允许将对象复制到另一个对象中，并且对新对象所做的任何更改都不会反映在原始对象中。

如果是浅复制，则对象的引用将复制到另一个对象中，因此在副本中所做的更改将反映在父副本中，如图 9.6、图 9.7 中代码所示。

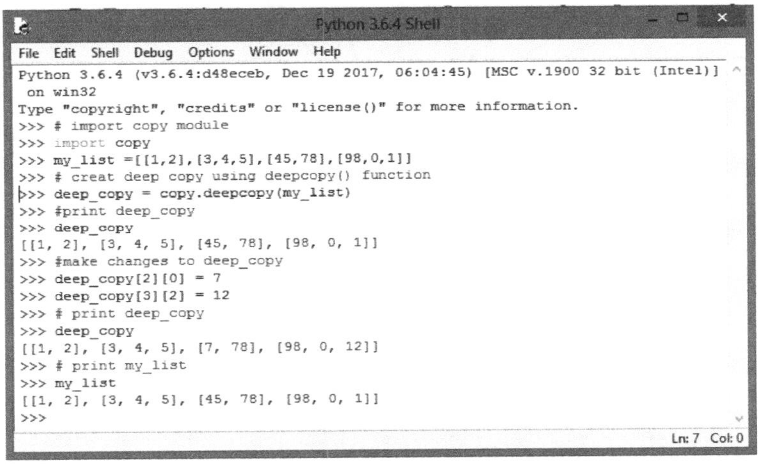

图 9.6

需要注意的是，在处理包含其他对象（列表或类实例）的对象时，应该使用浅复制和深复制函数。浅复制将创建一个组合对象并插入其中，引用在原始对象中的存在方式。另一方面，深复制会创建一个新的组合，并以原始列表中存在的方式递归地插入对象的副本。

```
                        Python 3.6.4 Shell                    _ □ x
File Edit Shell Debug Options Window Help
Python 3.6.4 (v3.6.4:d48eceb, Dec 19 2017, 06:04:45) [MSC v.1900 32 bit (Intel)]
 on win32
Type "copyright", "credits" or "license()" for more information.
>>> # import copy module
>>> import copy
>>> my_list =[[1,2],[3,4,5],[45,78],[98,0,1]]
>>> # create shallow copy using copy() function
>>> shallow_copy = copy.copy(my_list)
>>> #print shallow_copy
>>> shallow_copy
[[1, 2], [3, 4, 5], [45, 78], [98, 0, 1]]
>>> #make changes to shallow_copy
>>> shallow_copy[2][0] = 7
>>> shallow_copy[3][2] = 12
>>> # print shallow_copy
>>> shallow_copy
[[1, 2], [3, 4, 5], [7, 78], [98, 0, 12]]
>>> # print my_list
>>> my_list
[[1, 2], [3, 4, 5], [7, 78], [98, 0, 12]]
>>>
                                                      Ln: 1 Col: 80
```

图 9.7

问题：以下语句的结果是什么？

my_list = [7]*10。

回答： 它将创建一个名为 **my_list** 的列表。

[7, 7, 7, 7, 7, 7, 7, 7, 7, 7]

列表 **my_list** 中的所有单元都引用了相同的元素，在本例中为 10，如图 9.8 所示。

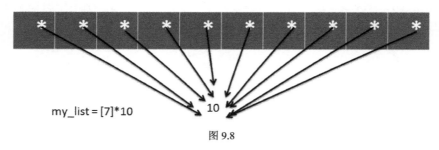

图 9.8

问题：请看下面的代码。

```
>>> a = [1,2,3,4,5,6,7]
>>> b = a
>>> b[0] = 8
>>> b
[8, 2, 3, 4, 5, 6, 7]
>>> a
[8, 2, 3, 4, 5, 6, 7]
>>>
```

这里，仍然使用赋值运算符对 **b** 值进行更改，为什么会反映在 **a** 中？

回答： 当使用赋值运算符（**b=a**）时，只是在对象和目标之间建立关系，因此只是在设置变量的引用。以下有两种解决方案能够使在 **b** 中的更改不会反映在 **a** 中。

（Ⅰ）

```
>>> a
[8, 2, 3, 4, 5, 6, 7]
>>> a = [1,2,3,4,5,6,7]
>>> b = a[:]
>>> b[0] = 9
>>> b
[9, 2, 3, 4, 5, 6, 7]
>>> a
[1, 2, 3, 4, 5, 6, 7]
>>>
```

（Ⅱ）

```
>>> a = [1,2,3,4,5,6,7]
>>> b = list(a)
>>> b
[1, 2, 3, 4, 5, 6, 7]
>>> b[0] = 9
>>> b
[9, 2, 3, 4, 5, 6, 7]
>>> a
[1, 2, 3, 4, 5, 6, 7]
>>>
```

问题：请看下面的代码。

```
>>> import copy
>>> a =[1,2,3,4,5,6]
>>> b = copy.copy(a)
>>> b
[1, 2, 3, 4, 5, 6]
>>> b[2]=9
>>> b
[1, 2, 9, 4, 5, 6]
>>> a
[1, 2, 3, 4, 5, 6]
>>>
```

b 是 **a** 的浅副本，但是当对 **b** 进行更改时，它不会反映在 **a** 中。为什么？如何解决这个问题？

回答：

列表 **a** 是由不可变对象（整数）组成的可变对象（列表）。

浅复制可以处理包含可变对象的列表。

因此可以使用 **b=a** 获得所需的结果。

问题：请看下面的代码。

```
>>> my_list = [["apples", "banana"], ["Rose", "Lotus"],["Rice", "Wheat"]]
>>> copy_list = list(my_list)
>>> copy_list[2][0]= "cereals"
```

my_list 中的内容会发生改变还是保持不变？
回答：my_list 中的内容会发生改变。

```
>>> my_list
[['apples', 'banana'], ['Rose', 'Lotus'], ['cereals', 'Wheat']]
>>>
```

问题：请看以下代码。

```
>>> my_list = [["apples", "banana"], ["Rose", "Lotus"], ["Rice", "Wheat"]]
>>> copy_list = my_list.copy()
>>> copy_list[2][0]= "cereals"
```

my_list 中的内容会发生改变还是保持不变？
回答：my_list 中的内容会发生改变。

```
>>> my_list
[['apples', 'banana'], ['Rose', 'Lotus'], ['cereals', 'Wheat']]
>>>
```

问题：当复制不可变对象的基址时，将调用_____。
回答：浅复制。

问题：当嵌套列表进行深复制时会发生什么？
回答：当创建对象的深度副本时，原始对象中嵌套对象的副本会递归地添加到新对象中。因此，深复制将创建完全独立于对象及其嵌套对象的副本。

问题：当嵌套列表进行浅复制时会发生什么？
回答：浅复制仅仅复制嵌套对象的引用，因此不会创建对象的副本。

顾名思义，动态数组是一个连续的内存块，当插入新数据时它会动态增长。它能够在有需求时自动调整其大小，因此我们不需要在分配时指定数组的大小，可以使用动态数组来存储所需的任意多个元素。

在数组中插入新元素时，如果有空间，则在末尾添加元素；否则将创建一个新数组，该数组的大小为当前数组的两倍，同时元素将从旧数组移动到新数组，并删除旧数组来获取一些可用空间，然后将新元素添加到扩展数组的末尾。

接下来尝试执行一小段代码。此示例在 32 位计算机系统上执行，结果可能与 64 位计算机系统不同，但逻辑保持不变。

对于 32 位系统，32 位（4 字节）用于保存内存地址。

当创建一个空列表结构时，它占据了 36 字节。请看下面给出的代码。

```
import sys
```

```
my_dynamic_list =[]
print("length=",len(my_dynamic_list), ".", "size in bytes = ", sys.getsizeof(my_dynamic_
list), ".")
```

这里已经导入了 **sys** 模块，因此可以使用 **getsizeof()** 函数来查找列表在内存中所占的大小。输出结果如下。

```
length = 0. size in bytes = 36
```

现在，查看只有一个元素的列表在内存中占据了多大的空间。

```
import sys
my_dynamic_list =[1]
print("length =",len(my_dynamic_list), ".", "size in bytes = ", sys.getsizeof(my_dynamic_
list), ".")
```

输出结果如下。

```
length = 1. size in bytes = 40
```

上例中的 36 字节只是列表数据结构在 32 位系统中的需求。

如果列表有一个元素，意味着它包含一个对内存的引用，并且在 32 位系统内存中，地址占用 4 字节。因此，只有一个元素的列表在内存中占用 36+4=40 字节。

下面我们来查看当附加一个空列表时会发生什么。

```
import sys
my_dynamic_list =[]
value = 0
for i in range(20):
    print("i = ",i, ".", "    Length of my_dynamic_list = ",len(my_dynamic_list), ".",
"size in bytes = ", sys.getsizeof(my_dynamic_list), ".")
    my_dynamic_list.append(value)
    value +=1
```

输出结果如下。

```
i = 0 .      Length of my_dynamic_list = 0 .       size in bytes = 36 .
i = 1 .      Length of my_dynamic_list = 1 .       size in bytes = 52 .
i = 2 .      Length of my_dynamic_list = 2 .       size in bytes = 52 .
i = 3 .      Length of my_dynamic_list = 3 .       size in bytes = 52 .
i = 4 .      Length of my_dynamic_list = 4 .       size in bytes = 52 .
i = 5 .      Length of my_dynamic_list = 5 .       size in bytes = 68 .
i = 6 .      Length of my_dynamic_list = 6 .       size in bytes = 68 .
i = 7 .      Length of my_dynamic_list = 7 .       size in bytes = 68 .
i = 8 .      Length of my_dynamic_list = 8 .       size in bytes = 68 .
i = 9 .      Length of my_dynamic_list = 9 .       size in bytes = 100 .
i = 10 .     Length of my_dynamic_list = 10 .      size in bytes = 100 .
i = 11 .     Length of my_dynamic_list = 11 .      size in bytes = 100 .
```

```
i = 12 .     Length of my_dynamic_list = 12 .     size in bytes = 100 .
i = 13 .     Length of my_dynamic_list = 13 .     size in bytes = 100 .
i = 14 .     Length of my_dynamic_list = 14 .     size in bytes = 100 .
i = 15 .     Length of my_dynamic_list = 15 .     size in bytes = 100 .
i = 16 .     Length of my_dynamic_list = 16 .     size in bytes = 100 .
i = 17 .     Length of my_dynamic_list = 17 .     size in bytes = 136 .
i = 18 .     Length of my_dynamic_list = 18 .     size in bytes = 136 .
i = 19 .     Length of my_dynamic_list = 19 .     size in bytes = 136 .
```

工作原理如下。

当为列表调用 **append()** 函数时，会根据 Python 中的 **objects/listobject.c** 文件中定义的 **list_resize()** 函数来调整大小。此函数的任务是按列表大小分配单元格，从而为额外的增长释放空间。

生长模式为 0、4、8、16、25、35、46、58、72、88、……

假设有一个人叫安德鲁，他想开一家汽车修理厂。在拥有了一个小的汽车修理厂之后，他迎来了第一个客户。然而，修理厂只有一辆车的空间，因此，他的修理厂里只能有一辆车。

另一个人看到安德鲁的修理厂里有辆车，也想请安德鲁修理他的车。安德鲁为了生意上的便利，想把所有的车都停放在一个地方。因此，要想保留两辆车，他必须寻找空间来存放两辆车，将旧的车移到新的空间，并将新的车移到新的空间。

他必须做到以下几点。
- 购买新空间。
- 卖掉旧空间。

比方说，这个过程需要一个单位的时间。

现在，他还必须做到以下几点。
- 将旧车移到新位置。
- 将新车移至新位置。

每辆车的移动需要一个单位时间，如图 9.9 所示。

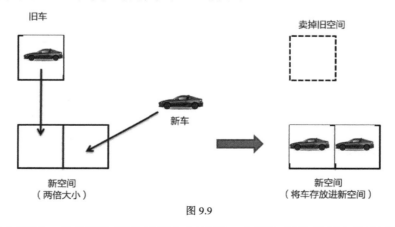

图 9.9

安德鲁是个新手，他并不知道业务将如何扩展，也不知道修理厂占用多大空间合适。因此，他产生了这样的想法：当车库里有空间时，他就可以简单地将新车添加到空间中；当空间被占满时，他将需要比现在大两倍的新空间，然后将所有车辆移动到新空间并丢掉旧空间。因此，在他获得新车的那一刻，便购买了一个是旧空间两倍大小的新空间并丢弃旧空间，如图 9.10 所示。

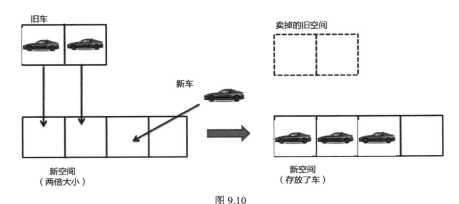

图 9.10

现在，当第四辆车到达时，安德鲁不用再担心空间问题，因为他现在有存放车的空间，如图 9.11 所示。

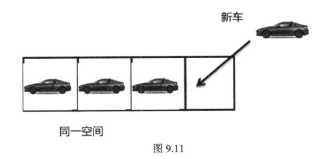

图 9.11

当获得第五辆汽车时，他将不得不购买一个空间，这个空间是他现在拥有的空间的两倍，并出售旧空间。现在来看一看时间复杂性：先来分析一下向含有 n 辆车的安德鲁的修车厂里添加一辆汽车需要做多少工作。

以下是必须完成的工作。

步骤 1　如果有空位，则安德鲁只需要将一辆车搬进新的空间，这只需要一个单位的时间。此动作独立于 n（车库中的车辆数量）。在具有空间的车库中移动汽车需要花费的是常量时间（constant time），即 **O(1)**。

步骤 2　当没有空间且有新车到达时，安德鲁必须做以下事情。

a）花费 1 个单位时间购买一个新空间。

b）将所有车辆逐个移动到新的空间，然后将新车移动到闲置空间。移动每辆车都需要花费一个单位时间。因此，如果旧车库中已经有 n 辆汽车，获得新汽车后将需要 n + 1 个单位时间来移动汽车。

因此，在步骤 2 中所花费的总时间是 $1+n+1$，并且在大 O 符号中由于常量无关紧要，因此时间复杂度为 $O(n)$。

从表面上看，人们可能认为这个工作包含了太多的任务，但每项业务计划都应该得到正确的分析。安德鲁只有在他拥有的空间被填满的情况下才会买一个新的空间。在一段时间内分摊成本时，人们会意识到，只有在空间充满时才需要花费大量时间，但在有空间的情况下，增加汽车数量并不需要花费太多时间。

我们可以通过这个例子尝试理解动态数组的摊销。通过上例已经了解到，在动态数组中，当数组已满并且必须添加新值时，数组的内容将移动到大小为旧数组两倍的新数组中，然后释放旧数组所占的空间。

用新数组替换旧数组的任务可能会减慢系统速度。当数组已满时，附加一个新元素可能需要 $O(n)$ 时间。但是，一旦创建了新数组，就可以在常量时间 $O(1)$ 中向数组添加新元素，直到数组必须再次被替换为止。通过摊销分析，这种策略实际上是非常有效的。

如图 9.12 所示，当含有两个元素时，在调用 **append** 时，数组的大小必须加倍。同样，在第 4 个元素和第 8 个元素之后具有相同的操作。因此，在编号为 2、4、8、16 ……时，调用 **append** 需要的时间是 $O(n)$；而对于其余的情况，调用 **append** 需要的时间是 $O(1)$。

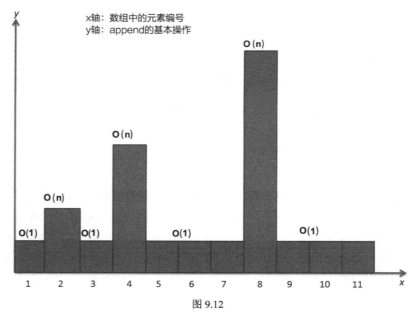

图 9.12

涉及的步骤如下。具体如图 9.13 所示。

步骤 1 当数组已满时，为新数组分配内存，新数组的大小通常是旧数组大小的两倍。

步骤 2 将旧数组中的所有内容复制到新数组中。

步骤 3 释放旧数组占用的空间。

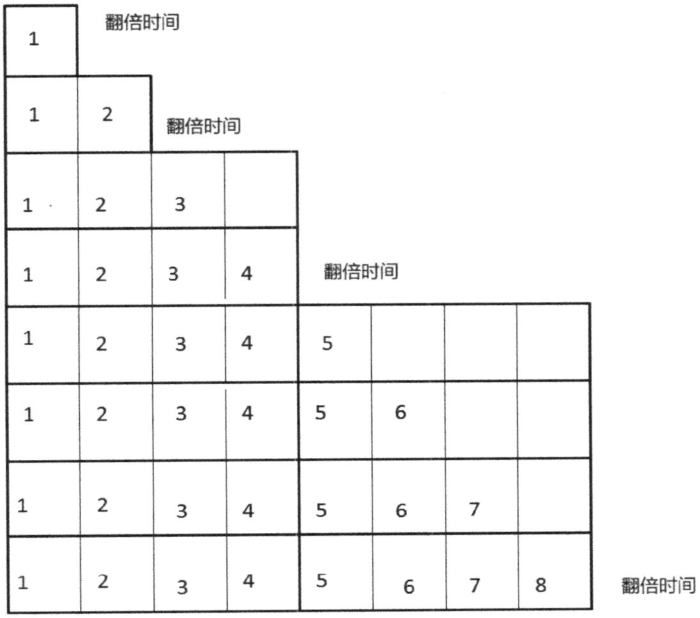

1					翻倍时间			
1	2				翻倍时间			
1	2	3						
1	2	3	4		翻倍时间			
1	2	3	4	5				
1	2	3	4	5	6			
1	2	3	4	5	6	7		
1	2	3	4	5	6	7	8	翻倍时间

图 9.13

分析如图 9.14 所示。

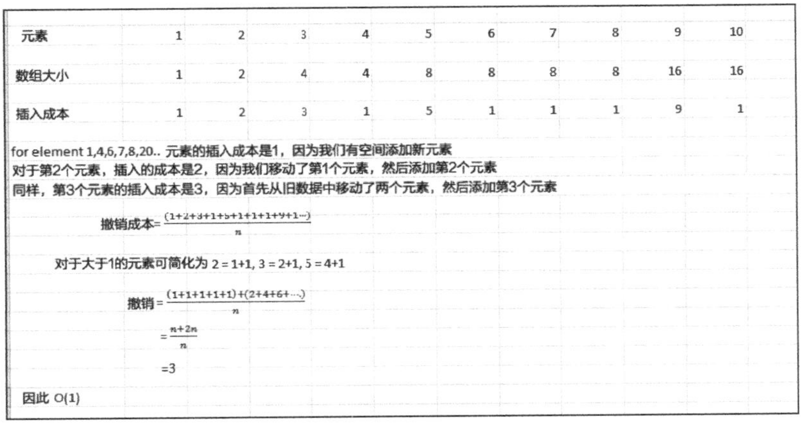

元素	1	2	3	4	5	6	7	8	9	10
数组大小	1	2	4	4	8	8	8	8	16	16
插入成本	1	2	3	1	5	1	1	1	9	1

for element 1,4,6,7,8,20.. 元素的插入成本是1，因为我们有空间添加新元素
对于第2个元素，插入的成本是2，因为我们移动了第1个元素，然后添加第2个元素
同样，第3个元素的插入成本是3，因为首先从旧数据中移动了两个元素，然后添加第3个元素

撤销成本 $= \frac{(1+2+3+1+5+1+1+1+9+1\cdots)}{n}$

对于大于1的元素可简化为 2 = 1+1, 3 = 2+1, 5 = 4+1

撤销 $= \frac{(1+1+1+1+1)+(2+4+6+\cdots)}{n}$

$= \frac{n+2n}{n}$

$= 3$

因此 O(1)

图 9.14

第 10 章 栈、队列和双端队列

栈、队列和双端队列是 Python 中的线性结构。

10.1 栈

栈是一个有序的元素集合。在这个集合中，元素的添加和删除发生在同一端，也称为**栈顶**（TOP）。栈的另一端称为**栈底**（BASE）。栈底对元素来说很重要，因为越靠近底的元素在栈中存在的时间越长。

最新添加的元素位于栈顶位置，以便可以先将其删除。

这一原则被称为 LIFO（Last-In-First-Out），即后进先出原则，较晚进栈的元素靠近栈顶，而较早进栈的元素靠近栈底，结构如图 10.1 所示。

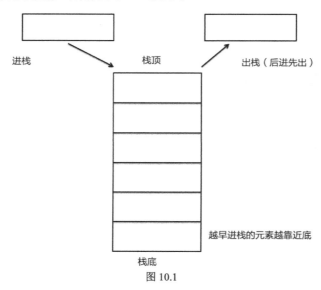

图 10.1

由于栈的删除顺序与插入顺序相反，因此在需要反转元素顺序时，栈就显得格外重要。例如以下示例。

- 在互联网上浏览网页时按下浏览器上的后退按钮。

- 在 Microsoft 应用程序中使用 Ctrl + Z 快捷键（撤销）。
- 从缓存中删除最近使用的对象。

软件程序员经常使用栈，但是由于这些操作通常在后台进行，因此在使用程序时可能无法获得这种体验。更多时候你可能遇到的是栈耗尽内存时，系统提示的栈溢出错误。

栈看起来很简单，但是它们是重要的数据结构。栈是几种数据结构和算法的重要元素。

问题：解释如何在 Python 中实现栈。

回答：使用列表实现栈。

步骤 1　定义 Stack 类。

```
#定义Stack类
class Stack:
```

步骤 2　创建构造函数。

创建一个构造函数，它包括栈的 **self** 和 **size(n)**。在方法中，声明 **self.stack** 是一个空列表，**self.size** 等于 **n**，即所提供的大小。

```
#定义Stack类
    def __init__(self, n):
        self.stack = []
        self.size = n
```

步骤 3　定义进栈函数 Push()。

Push 函数将有两个参数：**self** 和想要推送到列表中的元素。在这个函数中，首先检查堆栈的长度是否等于作为输入（**n**）提供的大小。如果是，则表示栈已满并打印消息，此时不能再附加任何元素。但是，如果不是这种情况，那么可以调用 **append** 方法将元素推送到栈中。

```
def push(self,element):
    if(len(self.stack)== self.size):
        print("由于栈已满，不能再追加任何元素。")
    else:
        self.stack.append(element)
```

步骤 4　定义出栈函数 Pop()。

检查栈。如果栈为空，则打印"栈为空，没有元素可输出！！"；如果栈不为空，则弹出栈中的最后一项元素。

```
def pop(self):
    if self.stack == []:
        print("栈为空，没有元素可输出！！")
    else:
        return self.stack.pop()
```

完整的代码如下。

```python
#定义Stack类
class Stack:
    #声明构造函数
    def __init__(self, n):
        self.stack = []
        self.size = n

    #进栈操作
    def push(self,element):
        if(len(self.stack)== self.size):
            print("由于栈已满，不能再追加任何元素。")
        else:
            self.stack.append(element)

    #出栈操作
    def pop(self):
        if self.stack == []:
            print("栈为空，没有元素可输出！！")
        else:
            self.stack.pop()
```

执行代码。

```python
s = Stack(3)
s.push(6)
s.push(2)
print(s.stack)
s.pop()
print(s.stack)
```

输出结果如下。

```
[6, 2]
[6]
>>>
```

问题：编写程序来检查给定字符串中是否包含平衡括号序列。

平衡括号：()、{}、[]、{[()]}、[][]等。

回答：

在这个例子中，需要检查字符串中是否存在正确格式的括号对，例如"[]{()}"之类的表达式是正确的。但是，如果左括号没有找到相应的右括号，那么括号是不匹配的，例如"[}"或"{}[)"。要解决此问题，需要执行以下步骤。

步骤1　定义类 paranthesis_match。

```python
class paranthesis_match:
```

步骤 2　定义用于左括号和右括号的列表。

现在定义两个列表，使左括号的索引与相应的右括号的索引匹配。

- 列表 **opening_brackets** 将所有类型的左括号作为元素，例如元素["(", "{", "["]。
- 列表 **closing_brackets** 将所有类型的右括号作为元素，例如元素[")", "}", "]"]。

以下是定义列表的方式。

```
opening_brackets = ["(", "{", "["]
closing_brackets = [")", "}", "]"]
```

步骤 3　定义构造函数、push()函数和 pop()函数。

（1）构造函数

构造函数将 **expression** 作为参数，**expression** 是为验证括号对而提供的字符串。

同时为了实现栈而初始化列表。**push()** 函数和 **pop()** 函数将应用于此列表。

```
def __init__(self, expression):
    self.expression = expression
    self.stack = []
```

（2）push()函数和 pop()函数

由于使用栈来检测字符串中的平衡括号，因此需要用到 **push()** 函数和 **pop()** 函数。

调用 **push()** 函数会将元素添加到栈中。

```
def push(self,element):
    self.stack.append(element)
```

另外，**pop()** 函数将从栈中弹出最后一个元素。

```
#出栈操作
def pop(self):
    if self.stack == []:
        print("不平衡括号。")
    else:
        self.stack.pop()
```

步骤 4　定义函数进行分析。

下面编写代码来分析字符串。

此函数将执行以下步骤。

步骤 1　检查 **expression** 的长度。一串平衡括号将始终具有偶数个字符，因此如果 **expression** 的长度只能被 2 整除，那么函数将继续进行分析。if…else 循环形成了该函数的外部结构。

```
if len(self.expression)%2 == 0:
         ---- 进行分析..........
else:
```

```
            print("不平衡括号。")
```

步骤 2 假设 **expression** 的长度为偶数，可以继续进行分析，并且在 **if** 块中编写代码。现在将对列表中的元素逐个遍历。如果遇到一个左括号，则将其推送到栈中。如果遇到的元素不是左括号，则将检查该元素是否在右括号列表中，如果是，则从栈中弹出最后一个元素，并查看左括号列表（opening_brackets）和右括号列表（closing_brackets）中元素的索引是否属于相同类型的括号。如果是，则匹配；否则列表不平衡，如图 10.2 所示。

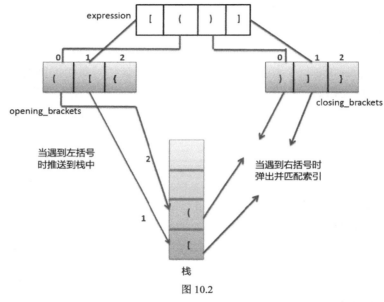

图 10.2

```
if element in self.opening_brackets:
             self.push(element)
 elif element in self.closing_brackets:
     x = self.stack.pop()
     if self.opening_brackets.index(x)== self.closing_brackets.index(element):
             print("匹配")
         else:
             print("不匹配 - 检查括号")
             return;
```

因此，最终代码如下，为了使最终用户更容易操作，代码中添加了 **print** 命令。

```
class paranthesis_match:
    opening_brackets = ["(", "{", "["]

  closing_brackets = [")", "}", "]"]

    #声明构造函数
    def __init__(self, expression):
        self.expression = expression
```

```
        self.stack = []
    #进栈操作
    def push(self,element):
        self.stack.append(element)

    #出栈操作
    def pop(self):
        if self.stack == []:
            print("不平衡括号。")
        else:
            self.stack.pop()
    def is_match(self):
        print("输入的 expression 为: ",self.expression)
        if len(self.expression)%2 == 0:
            for element in self.expression:
                print("评估元素: ", element)
                if element in self.opening_brackets:
                    print("这是一个左括号 - ", element, "推送到栈中。")
                    self.push(element)
                    print("推送", element, " 到栈中，栈为", self.stack)
                elif element in self.closing_brackets:
                    x = self.stack.pop()
                    print("弹出的元素是", x)
                    if self.opening_brackets.index(x) == self.closing_brackets.index(element):
                        print("匹配")
                    else:
                        print("不匹配 - 检查括号")
                        return;
        else:
            print("不平衡括号。")
```

执行代码。

```
pm = paranthesis_match("([{}])")
pm.is_match()
```

输出结果如下。

```
输入的 expression 为([{}])
评估元素: (
这是一个左括号 - ( 推送到栈中。
推送 ( 到栈中，栈为 ['(']
评估元素: [
这是一个左括号 - [推送到栈中。
推送 [ 到栈中，栈为 ['(', '[']
评估元素: {
这是一个左括号 - { 推送到栈中。
推送 { 到栈中，栈为 ['(', '[', '{']
评估元素: }
弹出的元素是{
匹配
评估元素: ]
弹出的元素是[
```

```
匹配
评估元素：)
弹出的元素是(
匹配
```

10.2 队列

队列是一系列对象，其中元素从一端添加并从另一端移除。队列遵循先进先出的原则，从**队头**（front）移除元素，从**队尾**（rear）添加元素。就像在现实生活中的任何队列一样，元素从后面进入队列并由于前面的元素被逐一移除而开始向前移动。

因此，在队列中，元素越靠前表明其进入序列的时间越长，最新添加的元素必须在最后等待。插入（insert）和删除（delete）操作也称为进队（enqueue）和出队（dequeue）。

队列的基本函数如下，结构如图 10.3 所示。

步骤 1 enqueue(i)：将元素"i"添加到队列中。
步骤 2 dequeue()：从队列中删除第一个元素并返回其值。
步骤 3 isEmpty()：布尔函数，如果队列为空，则返回"true"；否则返回 false。
步骤 4 size()：返回队列的长度。

图 10.3

问题：编写实现队列的代码。
回答：队列的实现步骤如下。
步骤 1 定义类。

```
class Queue:
```

步骤 2 定义构造函数。
初始化一个空列表队列。

```
def __init__(self):
    self.queue =[]
```

步骤 3 定义 isEmpty()函数。
顾名思义，调用此方法以检查队列是否为空。如果队列是空的，则该函数会输出一条消息"队列是空的"；否则该函数将打印一条消息"队列不是空的"。

```
def isEmpty(self):
    if self.queue ==[]:
```

```
            print("队列是空的。")
        else:
            print("队列不是空的。")
```

步骤 4　定义 enqueue()函数。

此函数将元素作为参数并将其插入索引"0"的位置处，同时队列中的所有元素都移动一个位置。

```
def enqueue(self,element):
    self.queue.insert(0,element)
```

步骤 5　定义 dequeue()函数。

此函数移除队列中最靠前的元素。

```
def dequeue(self):
    self.queue.pop()
```

步骤 6　定义 size()函数。

此函数返回队列的长度。

```
def size(self):
    print("队列长度为：",len(self.queue))
```

代码如下。

```
class Queue:
    def __init__(self):
        self.queue =[]
    def isEmpty(self):
        if self.queue ==[]:
            print("队列是空的。")
        else:
            print("队列不是空的。")
    def enqueue(self,element):
        self.queue.insert(0,element)
    def dequeue(self):
        self.queue.pop()
    def size(self):
        print("队列长度为：",len(self.queue))
```

执行代码。

```
q = Queue()
q.isEmpty()
print("插入第一个元素：")
q.enqueue("apple")
print("插入第二个元素：")
q.enqueue("banana")
print("插入第三个元素：")
```

```
q.enqueue("orange")
print("队列中的元素依次为")
print(q.queue)
print("检查队列是否为空?")
q.isEmpty()
print("移除第一个元素")
q.dequeue()
print("队列的长度是多少?")
q.size()
print("输出队列中的内容：")
print(q.queue)
```

输出结果如下。

```
队列是空的。
插入第一个元素：
插入第二个元素：
插入第三个元素：
队列中的元素依次为
['orange', 'banana', 'apple']
检查队列是否为空?
队列不是空的。
移除第一个元素
队列的长度是多少?
队列长度为 2
输出队列中的内容：
['orange', 'banana']
```

问题：编写代码以使用单个队列实现栈。push()函数和 pop()函数的时间复杂度是多少?

回答：在实现代码之前，了解其背后的逻辑非常重要。问题要求使队列像栈一样工作。队列的工作原理是先进先出，而栈的工作原理是后进先出，如图 10.4 所示。

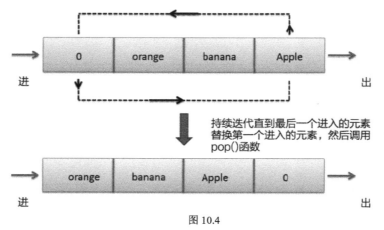

图 10.4

```
class Stack_from_Queue:
    def __init__(self):
        self.queue =[]
```

```
        def isEmpty(self):
            if self.queue ==[]:
                print("队列是空的。")
            else:
                print("队列不是空的。")
        def enqueue(self,element):
            self.queue.insert(0,element)
        def dequeue(self):
            return self.queue.pop()
        def size(self):
            print("队列长度为",len(self.queue))
        def pop(self):
            for i in range(len(self.queue)-1):
                x = self.dequeue()
                print(x)
                self.enqueue(x)
            print("移除的元素是",self.dequeue())
```

执行-I

```
sq = Stack_from_Queue()
sq.isEmpty()
print("插入元素：apple")
sq.enqueue("apple")
print("插入元素：banana")
sq.enqueue("banana")
print("插入元素：orange")
sq.enqueue("orange")
print("插入元素：0")
sq.enqueue("0")
print("队列中的元素依次为")
print(sq.queue)
print("检查队列是否为空？")
sq.isEmpty()
print("移除最后一个进入的元素：")
sq.pop()
print(sq.queue)
```

输出-I

```
队列是空的。
插入元素：apple
插入元素：banana
插入元素：orange
插入元素：0
队列中的元素依次为
['0', 'orange', 'banana', 'apple']
检查队列是否为空？
队列不是空的。
移除最后一个进入的元素：
apple
banana
orange
移除的元素是 0
['orange', 'banana', 'apple']
```

执行-II

```
sq = Stack_from_Queue()
sq.isEmpty()
print("插入元素: apple")
sq.enqueue("apple")
print("插入元素: banana")
sq.enqueue("banana")
print("插入元素: orange")
sq.enqueue("orange")
print("插入元素: 0")
sq.enqueue("0")
for i in range(len(sq.queue)):
    print("队列中的元素依次为")
    print(sq.queue)
    print("检查队列是否为空?")
    sq.isEmpty()
    print("移除最后一个进入的元素: ")
    
    print(sq.queue)
```

输出-II

```
队列是空的。
插入元素: apple
插入元素: banana
插入元素: orange
插入元素: 0
队列中的元素依次为
['0', 'orange', 'banana', 'apple']
检查队列是否为空?
队列不是空的。
移除最后一个进入的元素:
apple
banana
orange
移除的元素是 0
['orange', 'banana', 'apple']
队列中的元素依次为
['orange', 'banana', 'apple']
检查队列是否为空?
队列不是空的。
移除最后一个进入的元素:
apple
banana
移除的元素是 orange
['banana', 'apple']
队列中的元素依次为
['banana', 'apple']
检查队列是否为空?
队列不是空的。
移除最后一个进入的元素:
apple
移除的元素是: banana
['apple']
队列中的元素依次为
['apple']
检查队列是否为空?
```

```
队列不是空的。
移除最后一个进入的元素：
移除的元素是 apple
[]
>>>
```

push()函数和pop()函数的时间复杂度为O(1)。

push()的时间复杂度是O(1)，而pop()的时间复杂度是O(n)，因为必须在检索元素之前迭代循环并重新排列元素。

问题：如何使用两个栈实现队列？

回答：执行以下步骤。

步骤1 使用push()、pop()和isEmpty()函数创建一个基本的类Stack()。

```python
class Stack:
    def __init__(self):
        self.stack = []
    
    def push(self,element):
        self.stack.append(element)
    
    def pop(self):
        return self.stack.pop()
    def isEmpty(self):
        return self.stack == []
```

步骤2 定义类Queue。

```python
class Queue:
```

步骤3 定义构造函数。

由于这里的需求是两个栈，因此初始化两个栈对象。

```python
def __init__(self):
    self.inputStack = Stack()
    self.outputStack = Stack()
```

步骤4 定义enqueue()函数。

此函数将元素推送到第一个栈。

```python
def enqueue(self,element):
        self.inputStack.push(element)
```

步骤5 定义dequeue()函数。

此函数检查输出栈（outputStack）是否为空。如果它是空的，则元素将逐个从输入栈（inputStack）移除并推入 outputStack，最后一个元素就是第一个转移的元素。但是，如果

outputStack 不为空，则可以直接从中弹出元素。

假设要插入 4 个值：1、2、3、4。调用 **enqueue()** 函数，输入栈的内容如图 10.5 所示。

当调用 **dequeue()** 函数时，来自 inputStack 的元素被弹出并逐个推送到 outputStack 中，直到到达最后一个元素，最后一个元素从 inputStack 弹出并返回。如果输出栈不为空，则表示它的元素已经具有正确顺序，并且可以按该顺序弹出它们，如图 10.6 所示。

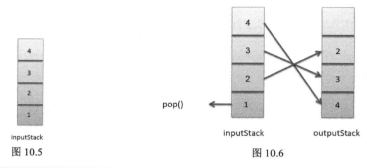

图 10.5　　　　　　　　　　图 10.6

```
def dequeue(self):
    #如果不是 self.inputStack.isEmpty():
    if self.outputStack.isEmpty():
        for i in range(len(self.inputStack.stack)-1):
            x = self.inputStack.pop()
            self.outputStack.push(x)
        print("输出的值为", self.inputStack.pop())
    else:
        print("输出的值为", self.outputStack.pop())
```

代码如下。

```
class Queue:
    def __init__(self):
        self.inputStack = Stack()
        self.outputStack = Stack()
    def enqueue(self,element):
        self.inputStack.push(element)
    def dequeue(self):
        if self.outputStack.isEmpty():
            for i in range(len(self.inputStack.stack)-1):
                x = self.inputStack.pop()
                self.outputStack.push(x)
            print("输出的值为", self.inputStack.pop())
        else:
            print("输出的值为", self.outputStack.pop())

#定义类 Stack Class
class Stack:
    def __init__(self):
        self.stack = []
    def push(self,element):

      self.stack.append(element)

    def pop(self):
```

```
        return self.stack.pop()
    def isEmpty(self):
        return self.stack == []
```

执行代码。

```
Q = Queue()
print("插入值：1")
Q.enqueue(1)
print("插入值：2")
Q.enqueue(2)
print("插入值：3")
Q.enqueue(3)
print("插入值：4")
Q.enqueue(4)
print("出队操作")
Q.dequeue()
Q.dequeue()
print("插入值：7")
Q.enqueue(7)
Q.enqueue(8)
Q.dequeue()
Q.dequeue()
Q.dequeue()
```

输出结果如下。

```
Q = Queue()
print("插入值：1")
Q.enqueue(1)
print("插入值：2")
Q.enqueue(2)
print("插入值：3")
Q.enqueue(3)
print("插入值：4")
Q.enqueue(4)
print("出队操作")
Q.dequeue()
Q.dequeue()
print("插入值：7")
Q.enqueue(7)
Q.enqueue(8)
Q.dequeue()
Q.dequeue()
Q.dequeue()
```

10.3 双端队列

双端队列更像是一个队列，只是它是双端的。双端队列将元素放置在有序的集合中，有队头和队尾两端。双端队列在本质上更加灵活，因为可以从队头或队尾两端添加或移除元素，所以这个线性数据结构可以获得栈和队列的性质，如图10.7所示。

图 10.7

问题：编写代码来实现双端队列。

回答： 双端队列的实现很容易。如果必须从队尾添加一个元素，则需要以相同的方式在索引 0 处添加元素；如果必须从队头添加元素，则可以调用 **append()** 函数。同样，如果想从队头删除元素，则可以调用 **pop()** 函数；如果想从队尾删除元素，则可以调用 **pop(0)** 来移除元素。

```python
class Deque:
    def __init__(self):
        self.deque =[]
    def addFront(self,element):
        self.deque.append(element)
        print("从队头添加元素后，队列的值为", self.deque)
    def addRear(self,element):
        self.deque.insert(0,element)
        print("从队尾添加元素后，队列的值为", self.deque)
    def removeFront(self):
        self.deque.pop()
        print("从队头移除元素后，队列的值为", self.deque)
    def removeRear(self):
        self.deque.pop(0)
        print("从队尾添加元素后，队列的值为", self.deque)
```

执行代码。

```python
D = Deque()
print("从队头添加元素：")
D.addFront(1)
print("从队头添加元素：")
D.addFront(2)
print("从队尾添加元素：")
D.addRear(3)
print("从队尾添加元素：")
D.addRear(4)
print("从队头移除元素：")
D.removeFront()
print("从队尾添加元素：")
D.removeRear()
```

输出结果如下。

```
从队头添加元素后，队列的值为[1]
从队头添加元素后，队列的值为[1, 2]
从队尾添加元素后，队列的值为[3, 1, 2]
从队尾添加元素后，队列的值为[4, 3, 1, 2]
从队头移除元素后，队列的值为[4, 3, 1]
从队尾移除元素后，队列的值为[3, 1]
>>>
```

第 11 章 链表

链表是一个由元素组成的线性结构,每个元素都是一个单独的对象,包含以下信息。
- 数据。
- 对下一个元素的引用。

在链表中,每个元素称为节点,如图 11.1 所示。

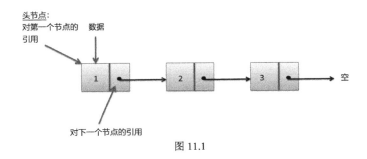

图 11.1

从图 11.1 中可以看到,对第一个节点的引用称为头节点(Head),它是链表的入口,如果链表为空,则头节点指向 null。链表的最后一个节点指向 null。

由于可以根据需要增加或减少节点的数量,因此链表被认为是动态数据结构。但是,在链表中无法直接访问数据。访问数据时,需要从链表头开始搜索,然后通过引用获得该元素。相比于其他结构,链表占用更多内存。

图 11.1 所示的链表称为单链表。还有一种类型的链表称为双向链表,双向链表引用了下一个节点和上一个节点,如图 11.2 所示。

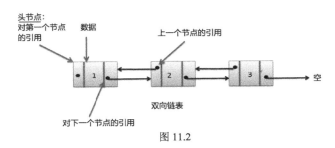

图 11.2

问题：编写代码实现一个 Node 类，使每个节点包含数据以及对下一个节点的引用。

回答：为了创建一个节点对象，需要将数据值传递给构造函数。构造函数将数据值赋给数据，并将对节点的引用设置为 None。一旦创建了所有的对象，就将第二个对象的内存地址分配为对第一个节点对象的引用，第三个对象的内存地址分配为对第二个对象的引用，依此类推。因此，最后一个对象没有引用。

Node 类的代码如下。

```
class Node:
    def __init__(self,data = None):
        self.data = data
        self.reference = None
objNode1 = Node(1)
objNode2 = Node(2)
objNode3 = Node(3)
objNode4 = Node(4)
objNode1.reference = objNode2
objNode2.reference = objNode3
objNode3.reference = objNode4
objNode4.reference = None
```

执行代码。

```
print("data 为",objNode1.data, " reference 为",objNode1.reference)
print("data 为",objNode2.data, " reference 为",objNode2.reference)
print("data 为",objNode3.data, " reference 为",objNode3.reference)
print("data 为",objNode4.data, " reference 为",objNode4.reference)
```

输出结果如下。

```
data 为 1 reference 为 <__main__.Node object at 0x000000595E0CC6A0>
data 为 2 reference 为 <__main__.Node object at 0x000000595E329978>
data 为 3 reference 为 <__main__.Node object at 0x000000595E3299B0>
data 为 4 reference 为 None
>>>
```

问题：编写代码以遍历链表。

回答：方法如下。

一种方法是已经编写了 **Node** 类的代码。

```
class Node:
    def __init__(self,data = None):
        self.data = data
        self.reference = None
objNode1 = Node(1)
objNode2 = Node(2)
objNode3 = Node(3)
objNode4 = Node(4)
```

接下来我们将看到如何遍历链表。
步骤 1　创建一个变量 **presentNode**，并将第一个对象分配给它。

```
presentNode = objNode1
```

在执行此操作时，**presentNode** 获取 **objectNode1** 的数据和引用值。
步骤 2　指向 **objNode2** 的 **reference** 值。
我们可以通过编写一个 while 循环来实现。

```
while presentNode:
    print("data 为",presentNode.data)
    presentNode = presentNode.reference
```

一旦指派 **presentNode**，while 循环就将在 **objNode4** 节点处停止循环，这是因为 **objNode4** 节点的 **reference** 值为 None。

```
class Node:
    def __init__(self,data = None):
        self.data = data
        self.reference = None
```

执行代码。

```
objNode1 = Node(1)
objNode2 = Node(2)
objNode3 = Node(3)
objNode4 = Node(4)
objNode1.reference = objNode2
objNode2.reference = objNode3
objNode3.reference = objNode4
objNode4.reference = None
presentNode = objNode1
while presentNode:
    print("data 为",presentNode.data)
    presentNode = presentNode.reference
```

输出结果如下。

```
data 为 1
data 为 2
data 为 3
data 为 4
```

另一种方法是通过创建两个类来完成此操作：节点和链表。

```
class Node:
```

```
            def __init__(self,data = None):
                self.data = data
                self.reference = None
class Linked_list:
            def __init__(self):
                self.head = None
            def traverse(self):
                presentNode = self.head
                while presentNode:
                    print("data 为",presentNode.data)
                    presentNode = presentNode.reference
```

执行代码。

```
objNode1 = Node(1)
objNode2 = Node(2)
objNode3 = Node(3)
objNode4 = Node(4)
linkObj = Linked_list()
#第一个对象的链表头
linkObj.head = objNode1
#第一个节点对象引用第二个对象

linkObj.head.reference = objNode2
objNode2.reference = objNode3
objNode3.reference = objNode4
linkObj.traverse()
```

输出结果如下。

```
data 为 1
data 为 2
data 为 3
data 为 4
```

问题：编写代码以实现在链表的开始处添加节点。
回答： 为了解决这个问题，只需添加一个新方法，将节点插入上一个示例提到的代码中。
在上一个示例中，链表对象的头节点指向第一个节点对象。

```
linkObj.head = objNode1
```

当在链表开始处添加节点时，需要创建一个新的节点 **new_node**，使 **linkObj.head = new_node**，**new_node.reference = obj_Node1**。

为此，编写如下代码实现，其中 **linkObj.head** 的值先传递给 **new_node.reference**，然后将 **linkObj.head** 设置为新的节点对象。

```
        def insert_at_Beginning(self,data):
            new_data = Node(data)
            new_data.reference = self.head
            self.head = new_data
```

完整代码如下。

```
class Node:
    def __init__(self,data = None):
        self.data = data
        self.reference = None
class Linked_list:
    def __init__(self):
        self.head = None
    def traverse(self):
        presentNode = self.head
        while presentNode:
            print("data 为",presentNode.data)
            presentNode = presentNode.reference
    def insert_at_Beginning(self,data):
        new_data = Node(data)
        new_data.reference = self.head
        self.head = new_data
```

执行代码。

```
objNode1 = Node(1)
objNode2 = Node(2)
objNode3 = Node(3)
objNode4 = Node(4)
linkObj = Linked_list()
#第一个对象的链表头
linkObj.head = objNode1
# 将第一个节点对象引用到第二个对象
linkObj.head.reference = objNode2
objNode2.reference = objNode3
objNode3.reference = objNode4
linkObj.insert_at_Beginning(5)
linkObj.traverse()
```

输出结果如下。

```
data 为 5
data 为 1
data 为 2
data 为 3
data 为 4
```

问题：编写代码以实现在链表的末尾添加节点。
回答：在链表的末尾添加节点，最重要的是将最后一个节点的引用指向所创建的新节点。
步骤 1　定义函数。

```
def insert_at_end(self,data):
```

步骤 2　创建一个新的 Node 对象。

```
new_data = Node(data)
```

步骤 3　遍历链表直到最后一个节点。

请记住,我们并不能直接访问链表中的最后一个节点,必须遍历所有节点直到到达最后一个节点处才能执行下一步。

```
presentNode = self.head
    while presentNode.reference != None:
        presentNode = presentNode.reference
```

步骤 4　在链表末尾添加新节点。

遍历链表后,在 **presentNode.reference = None** 时已到达最后一个节点。由于这不再是最后一个节点,因此需要执行以下代码。

```
presentNode.reference = new_data
```

通过这一操作在链表的末尾添加一个新节点。

```python
class Node:
    def __init__(self,data = None):
        self.data = data
        self.reference = None
class Linked_list:
    def __init__(self):
        self.head = None
    def traverse(self):
        presentNode = self.head
        while presentNode:
            print("data 为",presentNode.data)
            presentNode = presentNode.reference
    def insert_at_end(self,data):
        new_data = Node(data)
        presentNode = self.head
        while presentNode.reference != None:
            presentNode = presentNode.reference
        presentNode.reference = new_data
```

执行代码。

```python
objNode1 = Node(1)
objNode2 = Node(2)
objNode3 = Node(3)
objNode4 = Node(4)
linkObj = Linked_list()
#第一个对象的链表头
linkObj.head = objNode1
#第一个节点对象引用第二个对象
linkObj.head.reference = objNode2
```

```
objNode2.reference = objNode3
objNode3.reference = objNode4
linkObj.insert_at_end(5)
linkObj.insert_at_end(6)
linkObj.insert_at_end(7)
linkObj.traverse()
```

输出结果如下。

```
data 为 1
data 为 2
data 为 3
data 为 4
data 为 5
data 为 6
data 为 7
```

问题：编写代码以实现在链表中的两个节点之间插入节点。

回答：此问题的解决方案非常类似于在链表开始处添加节点。唯一的区别是，在开始处添加一个节点时，需要将头节点指向新节点，而在这种情况下，函数将包含两个参数：第一个是要在后面插入新对象的节点对象；第二个是新对象的数据。在新节点创建之后，将现有节点对象中存储的引用值传递给新节点，然后使现有节点指向新节点对象。

步骤 1　定义函数。

此函数包含两个参数。

- 要在后面插入新对象的节点对象。
- 新节点对象的数据。

```
def insert_in_middle(self,insert_data,new_data):
```

步骤 2　分配引用。

```
new_node = Node(new_data)
    new_node.reference = insert_data.reference
    insert_data.reference = new_node
```

代码如下。

```
class Node:
    def __init__(self,data = None):
        self.data = data
        self.reference = None
class Linked_list:
    def __init__(self):
        self.head = None
    def traverse(self):
        presentNode = self.head
        while presentNode:
```

```
            print("data 为",presentNode.data)
            presentNode = presentNode.reference
    def insert_in_middle(self,insert_data,new_data):
        new_node = Node(new_data)
        new_node.reference = insert_data.reference
        insert_data.reference = new_node
```

执行代码。

```
objNode1 = Node(1)
objNode2 = Node(2)
objNode3 = Node(3)
objNode4 = Node(4)
linkObj = Linked_list()
#第一个对象的链表头
linkObj.head = objNode1
#第一个节点对象引用第二个对象
linkObj.head.reference = objNode2
objNode2.reference = objNode3
objNode3.reference = objNode4
linkObj.insert_in_middle(objNode3,8)
linkObj.traverse()
```

输出结果如下。

```
data 为 1
data 为 2
data 为 3
data 为 8
data 为 4
>>>
```

问题：编写代码实现从链表中删除节点。

回答： 假设有一个链表，如下所示。

A → B → C.

A.reference = B.

B.reference = C.

C.reference = A.

为了删除 B，我们需要遍历链表。当到达引用指向 B 的节点 A 时，将该值替换为存储在 B 中的引用值（该值指向 C）。这意味着将 A 指向 C，同时从链表中移除 B。

函数代码如下。

```
def remove(self,removeObj):
    presentNode = self.head
    while presentNode:
        if(presentNode.reference == removeObj):
            presentNode.reference = removeObj.reference
        presentNode = presentNode.reference
```

该函数将 **Node** 对象作为参数并遍历链表，直到到达需要删除的对象。一旦到达必须删除的节点，就需要将其引用值更改为存储在 **removeObj** 对象中的引用值，因此，节点现在直接指向 **removeObj** 之后的节点。

```
class Node:
    def __init__(self,data = None):
        self.data = data
        self.reference = None
class Linked_list:
    def __init__(self):
        self.head = None
    def traverse(self):
        presentNode = self.head
        while presentNode:
            print("data 为",presentNode.data)
            presentNode = presentNode.reference

    def remove(self,removeObj):
        presentNode = self.head
        while presentNode:
            if(presentNode.reference == removeObj):
                presentNode.reference = removeObj.reference
            presentNode = presentNode.reference
```

执行代码。

```
objNode1 = Node(1)
objNode2 = Node(2)
objNode3 = Node(3)
objNode4 = Node(4)
linkObj = Linked_list()
#第一个对象的链表头
linkObj.head = objNode1
#第一个节点对象引用第二个对象
linkObj.head.reference = objNode2
objNode2.reference = objNode3
objNode3.reference = objNode4
linkObj.remove(objNode2)
linkObj.traverse()
```

输出结果如下。

```
data 为 1
data 为 3
data 为 4
>>>
```

问题：打印链表中心节点的值。

回答：这个问题涉及计算对象中节点的数量。如果长度均匀，则应打印中间两个节点的数据；否则只打印中心节点的数据。

步骤 1　定义函数。

```
def find_middle(self,llist):
```

步骤 2　获取 counter 的长度。

在这一步中,设置一个变量 **counter = 0**。当遍历链表时,**counter** 值递增。在 while 循环结束时,得到链表中节点的数量,即链表的长度。

```
counter = 0
        presentNode = self.head
        while presentNode:
            presentNode = presentNode.reference
            counter = counter + 1
        print("链表的长度为",counter)
```

步骤 3　获取链表的中间位置。

对中间节点的引用存储在之前的节点中。因此,在 for 循环中不是迭代(**counter / 2**)次,而是迭代(**counter−1**)**/ 2** 次。通过这一操作将获得位于中心值前面的节点。

```
presentNode = self.head
        for i in range((counter-1)//2):
            presentNode = presentNode.reference
```

步骤 4　根据链表中的节点数显示结果。

如果链表具有偶数个节点,则打印存储在当前节点和下一节点中的引用值。

```
    if (counter%2 == 0):
            nextNode = presentNode.reference
            print("由于链表的长度是偶数,因此两个中间元素是")
            print(presentNode.data,nextNode.data)
```

否则,打印当前节点的值。

```
    else:
            print("由于链表的长度是奇数,因此中间元素是")
            print(presentNode.data)
```

代码如下。

```
class Node:
    def __init__(self,data = None):
        self.data = data
        self.reference = None
class Linked_list:
    def __init__(self):
        self.head = None
```

```python
    def find_middle(self,llist):
        counter = 0
        presentNode = self.head
        while presentNode:
            presentNode = presentNode.reference
            counter = counter + 1
        print("链表的长度为",counter)
        presentNode = self.head
        for i in range((counter-1)//2):
            presentNode = presentNode.reference
        if (counter%2 == 0):
            nextNode = presentNode.reference
            print("由于链表的长度是偶数,因此两个中间元素是")
            print(presentNode.data,nextNode.data)

        else:
            print("由于链表的长度是奇数,因此中间元素是")
            print(presentNode.data)
```

执行(节点数为奇数)代码。

```
objNode1 = Node(1)
objNode2 = Node(2)
objNode3 = Node(3)
objNode4 = Node(4)
objNode5 = Node(5)
linkObj = Linked_list()
#第一个对象的链表头
linkObj.head = objNode1
#第一个节点对象引用第二个对象
linkObj.head.reference = objNode2
objNode2.reference = objNode3
objNode3.reference = objNode4
objNode4.reference = objNode5
linkObj.find_middle(linkObj)
```

输出结果如下。

```
链表的长度为 5
由于链表的长度是奇数,因此中间元素是
3
```

执行(节点数为偶数)代码。

```
objNode1 = Node(1)
objNode2 = Node(2)
objNode3 = Node(3)
objNode4 = Node(4)
linkObj = Linked_list()
#第一个对象的链表头
linkObj.head = objNode1
#第一个节点对象引用第二个对象
linkObj.head.reference = objNode2
objNode2.reference = objNode3
objNode3.reference = objNode4
linkObj.find_middle(linkObj)
```

输出结果如下。

```
链表的长度为 4
由于链表的长度是偶数，因此两个中间元素是
2 3
```

问题：实现双向链表。

回答： 双向链表包括 3 个部分。
- 指向上一节点的指针。
- 数据。
- 指向下一个节点的指针。

双向链表的实现很容易，只需要注意一件事，即每个节点都连接到下一个和上一个数据。

步骤 1　创建 Node 类。

Node 类的构造函数将初始化 3 个参数：节点保存的数据——**data**、对下一个节点的引用——**refNext** 和对上一个节点的引用——**refPrev**。

```
class Node:
    def __init__(self,data = None):
        self.data = data
        self.refNext = None
        self.refPrev = None
```

步骤 2　创建双向链表的遍历函数。

I. 正向遍历

在 **refNext** 的帮助下进行正向遍历，该引用指向链表的下一个值。从链表的头部开始，使用 **refNext** 向下一个节点移动。

```
def traverse(self):
    presentNode = self.head
    while presentNode:
        print("data 为",presentNode.data)
        presentNode = presentNode.refNext
```

II. 逆向遍历

逆向遍历与正向遍历相反。由于 **refPrev** 指向前一个节点，因此可以通过借助 **refPrev** 的值来实现逆向遍历。从链表的尾部开始，使用 **refPrev** 继续向前一个节点移动。

```
def traverseReverse(self):
    presentNode = self.tail
    while presentNode:
        print("data 为：",presentNode.data)
        presentNode = presentNode.refPrev
```

步骤 3 编写一个函数，实现在双向链表尾部添加一个节点。

在双向链表的尾部添加节点与在单链表中追加节点相同，唯一的区别是必须确保追加节点的 refPrev 指向需要在后面添加新节点的节点。

```
def append(self,data):
    new_data = Node(data)
    presentNode = self.head
    while presentNode.refNext != None:
        presentNode = presentNode.refNext
    presentNode.refNext = new_data
    new_data.refPrev = presentNode
```

步骤 4 编写删除节点的函数。

此函数将需要删除的节点对象作为参数。为了删除一个节点，程序将两次遍历双向链表。首先从链表的头部开始，使用 **refNext** 向前移动进行正向遍历，当遇到需要删除的对象时，将当前节点的 **refNext** 值（当前指向需要删除的对象）更改为需要删除的对象之后的节点。然后，从链表尾部开始逆向遍历链表，当再次遇到要删除的对象时，将当前节点的 **refPrev** 值更改为位于要删除对象之前的节点。

```
def remove(self,removeObj):
presentNode = self.head
presentNodeTail = self.tail
while presentNode.refNext != None:
    if(presentNode.refNext == removeObj):
        presentNode.refNext = removeObj.refNext
    presentNode = presentNode.refNext
while presentNodeTail.refPrev != None:
    if(presentNodeTail.refPrev == removeObj):
        presentNodeTail.refPrev = removeObj.refPrev
    presentNodeTail = presentNodeTail.refPrev
```

代码如下。

```
class Node:
    def __init__(self,data = None):
        self.data = data
        self.refNext = None
        self.refPrev = None
class dLinked_list:
    def __init__(self):
        self.head = None
        self.tail = None
    def append(self,data):
        new_data = Node(data)
        presentNode = self.head
        while presentNode.refNext != None:
            presentNode = presentNode.refNext
        presentNode.refNext = new_data
        new_data.refPrev = presentNode
        self.tail = new_data

    def traverse(self):
        presentNode = self.head
```

```
            while presentNode:
                print("data 为",presentNode.data)
                presentNode = presentNode.refNext

    def traverseReverse(self):
        presentNode = self.tail
            while presentNode:
                print("data 为",presentNode.data)
                presentNode = presentNode.refPrev
    def remove(self,removeObj):
        presentNode = self.head
        presentNodeTail = self.tail
        while presentNode.refNext != None:
            if(presentNode.refNext == removeObj):
                presentNode.refNext = removeObj.refNext
            presentNode = presentNode.refNext
        while presentNodeTail.refPrev != None:
            if(presentNodeTail.refPrev == removeObj):
                presentNodeTail.refPrev = removeObj.refPrev
            presentNodeTail = presentNodeTail.refPrev
```

执行代码。

```
objNode1 = Node(1)
objNode2 = Node(2)
objNode3 = Node(3)
objNode4 = Node(4)
dlinkObj = dLinked_list()
#第一个对象的链表头
dlinkObj.head = objNode1
dlinkObj.tail = objNode4
#第一个节点对象引用第二个对象
dlinkObj.head.refNext = objNode2
dlinkObj.tail.refPrev = objNode3
objNode2.refNext = objNode3
objNode3.refNext = objNode4
objNode4.refPrev = objNode3
objNode3.refPrev = objNode2
objNode2.refPrev = objNode1
print("追加值")
dlinkObj.append(8)
dlinkObj.append(9)
print("追加值之后进行正向遍历")
dlinkObj.traverse()
print("追加值之后进行逆向遍历")
dlinkObj.traverseReverse()
print("移除值")
dlinkObj.remove(objNode2)

print("移除值之后进行正向遍历")
dlinkObj.traverse()
print("移除值之后进行逆向遍历")
dlinkObj.traverseReverse()
```

输出结果如下。

```
objNode1 = Node(1)
objNode2 = Node(2)
objNode3 = Node(3)
objNode4 = Node(4)
```

```
dlinkObj = dLinked_list()
#第一个对象的链表头
dlinkObj.head = objNode1
dlinkObj.tail = objNode4
#第一个节点对象引用第二个对象
dlinkObj.head.refNext = objNode2
dlinkObj.tail.refPrev = objNode3
objNode2.refNext = objNode3
objNode3.refNext = objNode4
objNode4.refPrev = objNode3
objNode3.refPrev = objNode2
objNode2.refPrev = objNode1

print("追加值")
dlinkObj.append(8)
dlinkObj.append(9)
print("追加值之后进行正向遍历")
dlinkObj.traverse()
print("追加值之后进行逆向遍历")
dlinkObj.traverseReverse()
print("移除值")
dlinkObj.remove(objNode2)
print("移除值之后进行正向遍历")
dlinkObj.traverse()
print("移除值之后进行逆向遍历")
dlinkObj.traverseReverse()
```

问题：编写代码来反转链表。

回答： 要反转链表，必须反转指针。如图 11.3 所示，第一个表显示了信息如何存储在链表中。第二个表显示了在开始遍历链表并反转元素之前，如何在 **reverse()** 函数中初始化参数。

Node 1		Node 2		Node 3		Node 4	
数据	引用	数据	引用	数据	引用	数据	引用
1	node2	2	node3	3	node4	4	none

初始化		
参数	设置为	最终值
previous	None	None
presentNode	self.head	node1
nextval	presentNode.refNext	node2

图 11.3

然后使用以下 while 循环。

```
while nextval != None:
        presentNode.refNext = previous
        previous = presentNode
        presentNode = nextval
        nextval = nextval.refNext
    presentNode.refNext = previous
    self.head = presentNode
```

图 11.4 所示为 while 循环的工作原理。

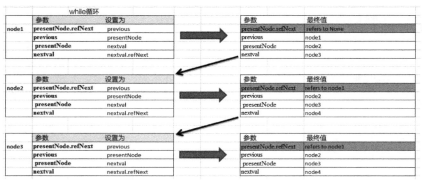

图 11.4

从上面可以看到，当遍历 while 循环时，**presentNode.refNext** 的值如何变化。先前指向 **node2** 的 **node1** 将其指针更改为 None。同样，**node2** 将其指针值更改为 **node1**，依此类推。

```
class Node:
    def __init__(self,data = None):
        self.data = data
        self.refNext = None
class Linked_list:
    def __init__(self):
        self.head = None

    def reverse(self):
        previous = None
        presentNode = self.head
        nextval = presentNode.refNext
        while nextval != None:
            presentNode.refNext = previous
            previous = presentNode
            presentNode = nextval
            nextval = nextval.refNext
        presentNode.refNext = previous
        self.head = presentNode
    def traverse(self):
        presentNode = self.head
        while presentNode:
            print("data 为",presentNode.data)
            presentNode = presentNode.refNext
```

执行代码。

```
objNode1 = Node(1)
objNode2 = Node(2)
objNode3 = Node(3)
objNode4 = Node(4)
linkObj = Linked_list()
#第一个对象的链表头
linkObj.head = objNode1
#    第一个节点对象引用第二个对象
linkObj.head.refNext = objNode2
objNode2.refNext = objNode3
```

```
objNode3.refNext = objNode4
print("反转前遍历")
linkObj.traverse()
linkObj.reverse()
print("反转后遍历")
linkObj.traverse()
```

输出结果如下。

```
反转前遍历
data 为 1
data 为 2
data 为 3
data 为 4
反转后遍历
data 为 4
data 为 3
data 为 2
data 为 1
```

第 12 章 递归

当函数调用自身时,被称为递归。对于新值,相同的指令集会重复执行,最重要的是确定何时终止递归,例如获取数字的阶乘的代码。

如果使用循环,那么阶乘函数看起来如下所示。

```
def factorial(number):
    j = 1
    if number==0|number==1:
        print(j)
    else:
        for i in range (1, number+1):
            print(j, "*",i, " = ",j*i)
            j = j*i
    print(j)
```

执行代码。

```
factorial(5)
```

输出结果如下。

```
1 * 1 = 1
1 * 2 = 2
2 * 3 = 6
6 * 4 = 24
24 * 5 = 120
120
>>>
```

接下来我们来了解如何使用递归算法解决相同的问题。

```
def factorial(number):
    j = 1
    if number==0|number==1:
        return j
    else:
        return number*factorial(number-1)
```

执行代码。

```
print(factorial(4))
```

输出结果如下。

```
24
```

优点和缺点

递归函数使代码看起来更整洁，有助于将复杂的任务分解为更简单的子问题。递归函数比实现迭代更容易，然而理解递归背后的逻辑可能有点困难。递归会消耗更多内存和时间，而且很难调试。

问题：使用递归函数编写代码以查找从 0 到给定数字的自然数之和。

回答：

i	结果
0	0
1	1 + 0 = i(1) + i(0) = 1
2	2 + 1 = i + i(1) = 3
3	3 + 3 = i + i(2) = 6
4	4 + 6 = i + i(3) = 10
5	5 + 10 = i + i(4) = 15

从上表可以观察到，当 **i = 0** 时，结果为 0，此后结果为 **i(n)+ i(n−1)**。

```
def natural_sum(num):
    if num == 0:
        return 0
    else:
        return (num + natural_sum(num-1))
```

执行代码。

```
print(natural_sum(10))
```

输出结果如下。

```
55
```

问题：以下代码的输出结果是什么？

```
def funny(x,y):
    if y == 1:
        return x[0]
    else:
```

```
        a = funny(x, y-1)
        if a > x[y-1]:
            return a
        else:
            return x[y-1]
x = [1,5,3,6,7]
y = 3
print(funny(x,y))
```

回答：

在代码中插入 **print** 语句并再次执行代码，可以看到代码执行的实际顺序。

```
def funny(x,y):
    print("调用 funny , y = ",y)
    if y == 1:
        return x[0]
    else:
        print("进入 else 循环, y = ", y)
        a = funny(x, y-1)
        print("a = ",a)
        if a > x[y-1]:
            print("a = ",a," 因此 a > ",x[y-1])
            return a
        else:
            print("a = ",a," 因此 a < ",x[y-1])
            return x[y-1]
x = [1,5,3,6,7]
y = 3
print(funny(x,y))
```

输出结果如下。

```
调用 funny , y = 3
进入 else 循环, y = 3
调用 funny , y = 2
进入 else 循环, y = 2
调用 funny , y = 1
a = 1
a = 1 因此 a < 5
a = 5
a = 5 因此 a > 3
5
答案是 5
```

问题：以下代码的输出是什么？

```
def funny(x):
    if (x%2 == 1):
        return x+1
    else:
        return funny(x-1)
print(funny(7))
print(funny(6))
```

回答：
For x = 7
x = 7
x % 2 值为 1
返回 7 + 1
For x = 6
x = 6
x%2 值为 0
返回 funny(5)
x = 5
x%2 值为 1
返回 x+1 = 6

问题：使用递归写出斐波那契数列（Fibonacci Sequence）。
回答：
斐波那契数列= 0、1、2、3、5、8、13 ....

i	结果
0	0
1	1
2	1+0 = i(0) + i(1) = 1
3	1+1 = i(2) + i(1) = 2
4	2+1 = i(3) + i(2) = 3
5	3+2 = i(4) + i(3) = 5

通过上表可以观察到，当 **i = 0** 时，结果为 0；当 **i = 1** 时，结果为 1。此后，**i(n)= i(n−1)+ i(n−2)**。当尝试使用递归查找斐波那契数列时，需要实现相同的计算过程。

- **fibonacci_seq(num)** 函数以一个数字作为参数。
- 如果 **num = 0**，则结果为 0。
- 如果 **num = 1**，则结果为 1。
- 其他结果是 **fibonacci_seq(num−1)+ Fibonacci_seq(num−2)**。
- 如果想找到 10 的斐波那契数列，那么执行以下步骤。
    ◆ 对元素 0～10 进行 for 循环。
    ◆ 调用 **fibonacci_seq()** 函数。
        - **fibonacci_seq(0) = 0**
        - **fibonacci_seq(1) = 1**
        - **fibonacci_seq(2) = fibonacci_seq(1)+ fibonacci_seq(0)**

- fibonacci_seq(3) = fibonacci_seq(2)+ fibonacci_seq(3)

```
def fibonacci_seq(num):
    if num <0:
        print("请提供一个正整数值：")
    if num == 0:
        return 0
    elif num == 1:
        return 1
    else:
        return (fibonacci_seq(num-1)+fibonacci_seq(num-2))
```

执行代码。

```
for i in range(10):
    print(fibonacci_seq(i))
```

输出结果如下。

```
0
1
1
2
3
5
8
13
21
34
```

问题：什么是记忆化？

回答： 记忆化相当于维护一个存储了解决方案的查找表，这样就不必一次又一次地解决相同的子问题。记忆化只解决一次问题并存储结果值，以便可以重复使用。

对于斐波那契数列，如果 **n> 1**，则 **F(n)= F(n-1)+ F(n-2)**；如果 **n = 0 或 1**，则 **F(n)= n**。

对于 **F(n)** 来说，如果 **n <1**，则返回 **n**；否则返回 **F(n-1)+ F(n-2)**。

在这个例子中，使用两次递归调用将这些值相加，并且返回值，如图 12.1 所示。

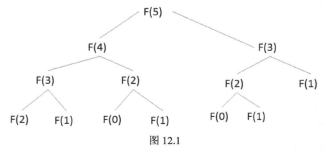

图 12.1

为了找到 **fibonacci(5)**，需要计算 3 次 **fibonacci(2)** 以及两次 **fibonacci(3)**。随着 **n** 值的增

加，fibonacci()函数的性能会下降。随着 **n** 的增加，时间和空间的消耗将呈指数增长。为了节省时间，可以在首次计算时保存一个结果值。例如在首次计算 **F(2)** 时保存结果值，用相同的方式保存 **F(3)**、**F(4)** 等。

```
F(n):
if n=<1:
return n
elif F(n) exist :
return F(n-1)
else:
F(n) = F(n-1)+F(n-2)
Save F(n).
Return F(n).
```

在下面的代码中，执行顺序如下。

步骤 1　fibonacci() 函数以一个数字作为参数，由于斐波那契数列从 0 开始，因此函数创建了一个大小为 **num + 1** 的列表 **fib_num**。

步骤 2　调用以数字 **num** 和列表 **fib_num** 作为参数的 **fib_calculate()** 函数。

步骤 3　将计算的值保存到列表中。

- 如果 **fib_num [num]> 0**，则意味着此数字的斐波那契数列已经存在，不需要再次计算它，并且可以返回该数字。
- 如果 **num≤1**，则返回 **num**。
- 如果 **num≥2**，则计算 **fib_calculate(num−1, fib_num)+ fib_calculate(num−2, fib_num)**。为了避免再次进行计算，将计算的值存储在列表 **fib_num** 中，其中列表中的索引号为 **num**。

```
def fibonacci(num):

    fib_num = [-1]*(num + 1)
    return fib_calculate(num, fib_num)
def fib_calculate(num, fib_num):
    if fib_num[num] >= 0:
        return fib_num[num]

    if (num <= 1):
        fnum = num
    else:
        fnum = fib_calculate(num - 1, fib_num) + fib_calculate(num - 2, fib_num)
        fib_num[num] = fnum

    return fnum
```

执行代码。

```
num = int(input('输入数字：'))
```

```
print("结果为",fibonacci(num))
```

输出结果如下。

```
输入数字：15
结果为 610
>>>
```

问题：以下程序的输出结果是什么？

```
def test_function(i,j):
    if i == 0:
        return j;
    else:
        return test_function(i-1,j+1)
print(test_function(6,7))
```

回答：
输出结果如表 12.1 所示。

表 12.1

i	j	i==0?	返回
6	7	No	test_function(5,8)
5	8	No	test_function(4,9)
4	9	No	test_function(3,10)
3	10	No	test_function(2,11)
2	11	No	test_function(1,12)
1	12	No	test_function(0,13)
0	13	Yes	13

问题：以下程序的输出结果是什么？

```
def even(k):
    if k <= 0:
        print("请输入一个正值")
    elif k == 1:
        return 0
    else:
        return even(k-1) + 2
print(even(6))
```

回答：

k	k<=0	k==1	结果
6	no	no	even(5)+2
5	no	no	even (4)+2+2
4	no	no	even (3)+2+2+2
3	no	no	even (2)+2+2+2+2
2	no	no	even (1)+2+2+2+2+2
1	no	yes	0+2+2+2+2+2 = 10

问题：使用递归编写代码以查找 3 的 n 次幂。

回答：

- 定义函数 **n_power(n)**，它将幂的值 **n** 作为参数。
- 因为任何数字都的 0 次幂是 1，所以如果 **n = 0**，则返回 1。
- 否则返回 **n_power(n-1)**。

n	n<0	n==0	结果
4	no	no	n_power(3)*3
3	no	no	n_power(2)*3
2	no	no	n_power(1)*3
1	no	no	n_power(0)*3
0	no	yes	1*3*3*3*3

```
def n_power(n):
    if n < 0:
        print("请输入一个正值")
    elif n == 0:
        return 1
    else:
        return n_power(n-1)*3
```

执行代码。

```
print(n_power(4))
```

输出结果如下。

```
81
```

第 13 章　树

目前，有多种类型的数据结构可用于解决应用程序问题。前面的章节中已经介绍了链表如何按顺序工作，同时还介绍了如何在编程应用程序中使用栈和队列，但是这些数据结构所存储的数据量是有限的。处理线性数据结构时最大的问题是，数据搜索占用的时间会随着数据量的大小而线性增加。虽然在某些情况下线性结构确实很有用，但事实是，对于要求效率的情况，它们可能并不是非常好的选择。

现在从线性数据结构的概念转向称为树的非线性数据结构,每棵树都有一个特定节点称为根（root）。与现实生活中的树不同，树的数据结构从父节点向下分支到子节点,每个节点（除了根）都恰好有一条边向上连接到另外一个节点，如图 13.1 所示。

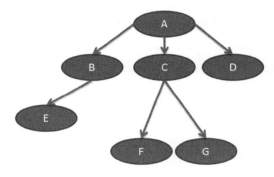

图 13.1

由图 13.1 可知，A 是根节点，它是 B、C 和 D 这 3 个节点的父节点（patent）。

同样，B 是 E 的父节点，C 是 F 和 G 的父节点。

D、E、F 和 G 是没有子节点（child）的节点，被称为叶子节点（leaf）或外部节点。

值得注意的是，像 B 和 C 等至少具有一个子节点的节点称为内部节点。

从根到节点的边的数量称为节点的深度或节点的层次。例如：B 的深度为 1，而 G 的深度为 2。

从节点到最深叶子的边数称为节点的高度。

B、C 和 D 具有相同的父节点 A，B、C 和 D 是兄弟节点（sibling）。类似地，F 和 G 具有相同的父节点 C，它们也是兄弟节点。

一个节点的子节点独立于另一个节点的子节点。

每个叶子节点都是唯一的。

- 计算机上使用的文件系统是树结构的一个例子。
- 关于节点的附加信息称为 playload。playload 在算法中并不重要，但它在现代计算机应用中起着非常重要的作用。

- 通过一条边连接的两个节点表示它们之间存在关系。
- 每个节点只有一个传入边（根节点除外）。但是，节点可能有多个传出边。
- 树的根节点标志着树的起点，是树中唯一一个没有传入边的节点。
- 传入边来自同一节点的节点集是该节点的子节点。
- 父节点通过传出边与所有子节点相连接。
- 由一组由父节点及其所有子孙节点（descendant）组成的节点和边称为子树。
- 从根节点到每个节点的路径是唯一的。
- 最多有两个子节点的树称为二叉树。

1. 树的递归

树可以是空的，也可以有一个具有零个或多个子树的根。

每个子树的根都通过边连接到父树的根。

2. 简单的树表示

假设这棵树是一棵二叉树，如图 13.2 所示。

对于二叉树，节点的子节点不能超过两个。为了便于理解，将图 13.2 的场景表示为图 13.3。

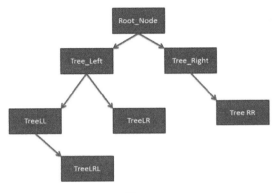

图 13.2

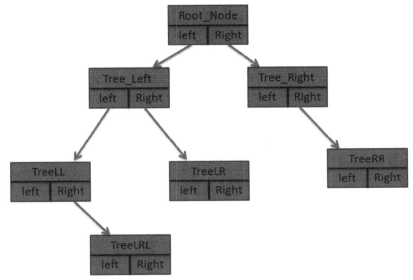

图 13.3

在图 13.3 中，左侧和右侧分别是对位于此节点左侧和右侧的节点实例的引用。如图 13.4 所示，每个节点都有 3 个值：数据、对左子节点的引用和对右子节点的引用。

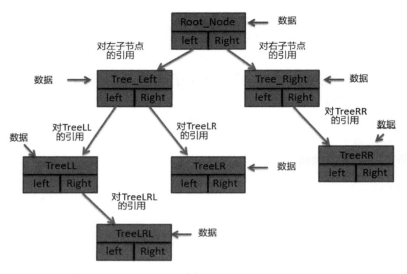

图 13.4

创建一个 **Node** 对象的节点类的构造函数如下。

```
class Node(object):
    def __init__(self, data_value):
        self.data_value = data_value
        self.left = None
        self.right = None
```

根节点的创建方式如下。

```
# Root_Node
print("创建 Root_Node ")
root = Node("Root_Node")
print("根节点的值为",root.data_value," 左子节点值为",root.left, " 右子节点值为",root.right)
```

当执行上述这段代码时，输出如下。

```
创建 Root_Node
根节点的值为 Root_Node 左子节点值为 None 右子节点值为 None
```

现在，编写代码用于向左节点或向右节点插入值。

创建节点时，其左右引用初始化指向 None。因此，要在左边添加一个子节点，只需要执行以下代码。

```
self.left= child_node
```

也可以用类似的方式将子节点添加到右边。

```
self.right= child_node
```

但是，如果根节点已经指向某个现有子节点，那么在尝试插入子节点时，现有子节点会被向下推一级，并且会被新对象所取代。因此，存储在 **self.left** 中的现有子节点的引用将传递给 **child.left**，然后将对子节点的引用分配给 **self.left**。这可以通过以下方式实现。

```
def insert_left(self, child):
    if self.left is None:
        self.left = child
    else:
        child.left = self.left
        self.left = child
def insert_right(self, child):
    if self.right is None:
        self.right = child
    else:
        child.right = self.right
        self.right = child
```

代码如下。

```
class Node(object):
    def __init__(self, data_value):
        self.data_value = data_value
        self.left = None
        self.right = None
    def insert_left(self, child):
        if self.left is None:
            self.left = child
        else:
            child.left = self.left
            self.left = child
    def insert_right(self, child):
        if self.right is None:
            self.right = child
        else:
            child.right = self.right
            self.right = child
```

执行代码。

```
# Root_Node
print("创建 Root_Node ")
root = Node("Root_Node")
print("根节点的值为",root.data_value," 左子节点值为",root.left, " 右子节点值为",root.right)
# Tree_Left
print("创建 Tree_Left")
tree_left = Node("Tree_Left")
root.insert_left(tree_left)
print("节点的值为",tree_left.data_value," 左子节点值为",tree_left.left, "右子节点值为",tree_left.right)
print("根节点的值为",root.data_value," 左子节点值为",root.left, "右子节点值为 ",root.right)
# Tree_ Right
```

```
    print("创建 Tree_Right")
    tree_right = Node("Tree_Right")
    root.insert_right(tree_right)
    print("节点的值为",tree_right.data_value," 左子节点值为",tree_right.left, "右子节点值为",
tree_right.right)
    print("根节点的值为",root.data_value," 左子节点值为",root.left, "右子节点值为",root.right)
    #TreeLL
    print("创建 TreeLL")
    treell = Node("TreeLL")
    tree_left.insert_left(treell)
    print("节点的值为",treell.data_value," 左子节点值为",treell.left, "右子节点值为",treell.right)
    print("节点的值为",tree_left.data_value," 左子节点值为",tree_left.left, "右子节点值为",
tree_left.right)
    print("根节点的值为",root.data_value," 左子节点值为",root.left, "右子节点值为",root.right)
```

输出结果如下。

```
    创建 Root_Node
    根节点的值为 Root_Node 左子节点值为 None 右子节点值为 None
    创建 Tree_Left
    节点的值为 Tree_Left 左子节点值为 None 右子节点值为 None
    根节点的值为 Root_Node 左子节点值为<__main__.Node object at 0x000000479EC84F60> 右子节点值为 None
    创建 Tree_Right
    节点的值为 Tree_Right 左子节点值为 None 右子节点值为 None
    根节点的值为 Root_Node 左子节点值为<__main__.Node object at 0x000000479EC84F60> 右子节点值为
<__main__.Node object at 0x000000479ED05E80>
    创建 TreeLL
    节点的值为：TreeLL 左子节点值为 None 右子节点值为 None
    节点的值为 Tree_Left 左子节点值为<__main__.Node object at 0x000000479ED0F160>右子节点值为 None
    根节点的值为 Root_Node 左子节点值为<__main__.Node object at 0x000000479EC84F60> 右子节点值为
<__main__.Node object at 0x000000479ED05E80>
```

问题：树的定义是什么？

回答： 树是一组存储元素的节点，节点具有父子关系。

- 如果树不为空，则它有一个称为根的特殊节点。根没有父节点。
- 除根节点之外，树的每个节点都有一个唯一的父节点。

问题：编写代码实现通过列表或嵌套列表来表示树。

回答： 在嵌套列表中，将节点的值存储为第一个元素，第二个元素是存储左子树值的列表，第三个元素存储右子树值的列表。图 13.5 显示了仅包含根节点的树。

['Root_Node', [], []]

图 13.5

在左边添加一个节点，如图 13.6 所示。在右边添加另一个子树，如图 13.7 所示。

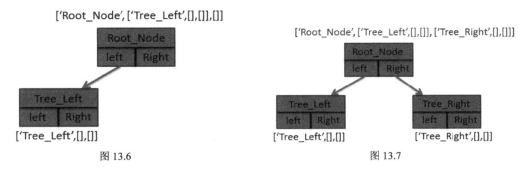

图 13.6　　　　　　　　　　　图 13.7

同样地，在 **Tree_Left** 添加一个节点也意味着用列表实现树，如图 13.8 所示。

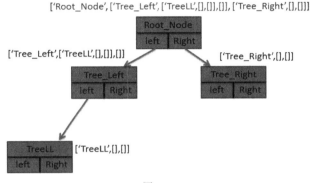

图 13.8

以上步骤定义了如下一棵树。

```
binary_tree = ['Root_Node',['Tree_Left',['TreeLL',[],[]],[]],['Tree_Right',[],[]]]
```

对于上述树，位于 **binary_tree [0]** 的 Root_Node 是根。左子树位于 **binary_tree [1]**，右子树位于 **binary_tree [2]**。

现在为实现树编写代码。

步骤 1　定义类。

```
class Tree:
```

步骤 2　创建构造函数。

现在编写构造函数的代码。当创建一个对象时，需要传递一个值。构造函数创建一个列表，其中值放在索引 0 处，索引 1 和索引 2 处有两个空列表。如果必须在左侧添加子树，则将在索引 1 处添加子树；对于右子树，则将在索引 2 处的列表中插入值。

```
def __init__(self,data):
    self.tree = [data, [],[]]
```

步骤 3　定义插入左、右子树的函数。

如果必须在左子树中插入值，则移除索引 1 处的元素并在该位置插入新列表。同样，如果必须在右侧插入子树，则移除索引 2 处的值并插入新列表。

```
def left_subtree(self,branch):
    left_list = self.tree.pop(1)
    self.tree.insert(1,branch.tree)

def right_subtree(self,branch):
    right_list = self.tree.pop(2)
    self.tree.insert(2,branch.tree)
```

代码如下。

```
class Tree:
    def __init__(self,data):
        self.tree = [data, [],[]]

    def left_subtree(self,branch):
        left_list = self.tree.pop(1)
        self.tree.insert(1,branch.tree)

    def right_subtree(self,branch):
        right_list = self.tree.pop(2)
        self.tree.insert(2,branch.tree)
```

执行代码。

```
print("创建根节点")
root = Tree("Root_node")
print("根节点的值为",root.tree)
print("创建左子树")
tree_left = Tree("Tree_Left")
root.left_subtree(tree_left)
print("左子树的值为",root.tree)
print("创建右子树")
tree_right = Tree("Tree_Right")
root.right_subtree(tree_right)
print("右子树的值为",root.tree)
print("创建 TreeLL 子树")
tree_ll = Tree("TreeLL")
root.left _subtree(tree_ll)
print("左子树的值为",root.tree)
```

输出结果如下。

```
创建根节点
根节点的值为['Root_node', [], []]
创建左子树
左子树的值为['Root_node', ['Tree_Left', [], []], []]
创建右子树
右子树的值为['Root_node', ['Tree_Left', [], []], ['Tree_Right', [], []]]
```

```
创建 TreeLL
左子树的值为['Root_node', ['Tree_Left', ['TreeLL', [], []], []], ['Tree_Right', [], []]]
>>>
```

但是这段代码中忽略了一件事。如果想在两者之间插入一个子节点怎么办？在这种情况下，子节点将被插入列给定位置处，同时该位置处存在的子节点被下移。为此，我们将函数做了如下更改。

```
def left_subtree(self,branch):
    left_list = self.tree.pop(1)
    if len(left_list) > 1:
        branch.tree[1]=left_list
        self.tree.insert(1,branch.tree)
    else:
        self.tree.insert(1,branch.tree)
```

如果必须在左边插入一个子节点，那么首先移除在索引 1 处的元素。如果索引 1 处的元素长度为 0，则只需插入列表。但是，如果索引 1 处的元素长度不为零，那么现在的元素将被移动至新子元素的左侧。在右子树中插入子节点的情况也是如此。

```
def right_subtree(self,branch):
    right_list = self.tree.pop(2)
    if len(right_list) > 1:
        branch.tree[2]=right_list
        self.tree.insert(2,branch.tree)
    else:
        self.tree.insert(2,branch.tree)
print("创建 TreeLL")
treell = Tree("TreeLL")
tree_left.left_subtree(treell)
print("左子树的值为",root.tree)
```

代码如下。

```
class Tree:
    def __init__(self,data):
        self.tree = [data, [],[]]

    def left_subtree(self,branch):
        left_list = self.tree.pop(1)
        if len(left_list) > 1:
            branch.tree[1]=left_list
            self.tree.insert(1,branch.tree)
        else:
            self.tree.insert(1,branch.tree)

    def right_subtree(self,branch):
        right_list = self.tree.pop(2)
        if len(right_list) > 1:
            branch.tree[2]=right_list
```

```
                self.tree.insert(2,branch.tree)
            else:
                self.tree.insert(2,branch.tree)
```

执行代码。

```
print("创建 Root_node")
root = Tree("Root_node")
print("根节点的值为",root.tree)
print("创建 Tree_Left")
tree_left = Tree("Tree_Left")
root.left_subtree(tree_left)
print("左子树的值为",root.tree)
print("创建 Tree_Right")
tree_right = Tree("Tree_Right")
root.right_subtree(tree_right)
print("右子树的值为",root.tree)
print("在左侧中间创建子节点")
tree_inbtw = Tree("Tree left in between")
root.left_subtree(tree_inbtw)
print("左子树的值为",root.tree)
print("创建 TreeLL")
treell = Tree("TreeLL")
tree_left.left_subtree(treell)
print("树的值为",root.tree)
```

输出结果如下。

```
创建 Root_node
根节点的值为['Root_node', [], []]
创建 Tree_Left
左子树的值为['Root_node', ['Tree_Left', [], []], []]
创建 Tree_Right
右子树的值为['Root_node', ['Tree_Left', [], []], ['Tree_Right', [], []]]
在左侧中间创建子节点
左子树的值为['Root_node', ['Tree left in between', ['Tree_Left', [], []], []],
['Tree_Right', [], []]]
创建 TreeLL
树的值为
['Root_node', ['Tree left in between', ['Tree_Left', ['TreeLL', [], []], []], []], ['Tree_Rig
ht', [], []]]
>>>
```

问题：什么是二叉树？二叉树的属性是什么？

回答：如果一个数据结构的每个节点最多只有两个子节点，则称该数据结构为二叉树。二叉树的子节点称为左子节点和右子节点。

问题：什么是树遍历方法？

回答：遍历方法按照访问顺序分为以下 3 种。

先序遍历：首先访问根节点，然后访问左侧的所有节点，最后访问右侧的所有节点。

```python
class Node(object):
    def __init__(self, data_value):
        self.data_value = data_value
        self.left = None
        self.right = None
    def insert_left(self, child):
        if self.left is None:
            self.left = child
        else:
            child.left = self.left
            self.left = child
    def insert_right(self, child):
        if self.right is None:
            self.right = child
        else:
            child.right = self.right
            self.right = child
    def preorder(self, node):

        res=[]
        if node:
            res.append(node.data_value)
            res = res + self.preorder(node.left)
            res = res + self.preorder(node.right)
        return res
```

执行代码。

```python
# Root_Node
print("创建 Root_Node")
root = Node("Root_Node")
# Tree_Left
print("创建 Tree_Left")
tree_left = Node("Tree_Left")
root.insert_left(tree_left)
# Tree_Right
print("创建 Tree_Right")
tree_right = Node("Tree_Right")
root.insert_right(tree_right)
#TreeLL
print("创建 TreeLL")
treell = Node("TreeLL")
tree_left.insert_left(treell)
print("*****先序遍历*****")
print(root.preorder(root))
```

输出结果如下。

```
创建 Root_Node
创建 Tree_Left
创建 Tree_Right
创建 TreeLL
*****先序遍历*****
```

```
['Root_Node', 'Tree_Left', 'TreeLL', 'Tree_Right']
>>>
```

中序遍历：首先访问左侧的所有节点，然后访问根节点，最后访问右侧的所有节点。

```python
class Node(object):
    def __init__(self, data_value):
        self.data_value = data_value
        self.left = None
        self.right = None
    def insert_left(self, child):
        if self.left is None:
            self.left = child
        else:
            child.left = self.left
            self.left = child
    def insert_right(self, child):
        if self.right is None:
            self.right = child
        else:
            child.right = self.right
            self.right = child
    def inorder(self, node):
        res=[]
        if node:
            res = self.inorder(node.left)
            res.append(node.data_value)
            res = res + self.inorder(node.right)
        return res
```

执行代码。

```python
# Root_Node
print("创建 Root_Node")
root = Node("Root_Node")
# Tree_Left
print("创建 Tree_Left")
tree_left = Node("Tree_Left")
root.insert_left(tree_left)
# Tree_Right
print("创建 Tree_Right")
tree_right = Node("Tree_Right")
root.insert_right(tree_right)
#TreeLL
print("创建 TreeLL")
treell = Node("TreeLL")
tree_left.insert_left(treell)
print("******中序遍历*****")
print(root.inorder(root))
```

输出结果如下。

```
创建 Root_Node
创建 Tree_Left
创建 Tree_Right
```

```
创建TreeLL
*****中序遍历*****
['TreeLL', 'Tree_Left', 'Root_Node', 'Tree_Right']
>>>
```

后序遍历：首先访问左侧的所有节点，然后访问右侧的所有节点，最后访问根节点。

```python
class Node(object):
    def __init__(self, data_value):
        self.data_value = data_value
        self.left = None
        self.right = None
    def insert_left(self, child):
        if self.left is None:
            self.left = child
        else:
            child.left = self.left
            self.left = child
    def insert_right(self, child):
        if self.right is None:
            self.right = child
        else:
            child.right = self.right
            self.right = child
    def postorder(self, node):
        def postorder(self, node):
        res=[]
        if node:
            res = self.postorder(node.left)
            res = res + self.postorder(node.right)
            res.append(node.data_value)

        return res
```

执行代码。

```python
# Root_Node
print("创建Root_Node")
root = Node("Root_Node")
# Tree_Left
print("创建Tree_Left")
tree_left = Node("Tree_Left")
root.insert_left(tree_left)
# Tree_Right
print("创建Tree_Right")
tree_right = Node("Tree_Right")
root.insert_right(tree_right)
#TreeLL
print("创建TreeLL")
treell = Node("TreeLL")
tree_left.insert_left(treell)
print("*****后序遍历*****")
print(root.postorder(root))
```

输出结果如下。

```
创建 Root Node
创建 Tree_Left
创建 Tree_Right
创建 TreeLL
*****后序遍历*****
['TreeLL', 'Tree_Left', 'Tree_Right', 'Root_Node']
```

二叉堆是一棵二叉树。一棵完整的二叉树意味着除最后一层外,其他所有层都被完全填充,同时这也意味着树是平衡的。

每个新的元素都被插入下一个可用空间,二叉堆可以存储在数组中。

二叉堆有两种类型:最小堆(Min Heap)或最大堆(Max Heap)。对于最小二叉堆,根节点是二叉堆中所有节点中的最小节点,所有父节点都小于它们的子节点。另外,在最大堆的情况下,根是堆中存在的所有节点中的最大值,并且所有节点都比它们的子节点大,如图13.9所示。

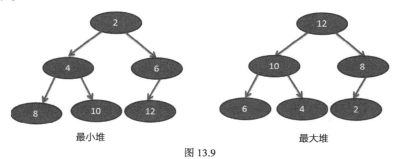

图 13.9

堆具有两个重要属性。

- 它是完整的,并且每行都是从左到右进行构造,最后一行可能未完全填满。每行应按顺序填充。因此,插入值的顺序应该是从左到右依次逐行排列,如图13.10所示。
- 父节点必须比子节点更大(最大堆)/更小(最小堆),如图13.11所示。

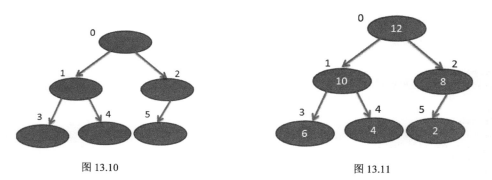

图 13.10　　　　　　　　　　　图 13.11

图13.11所示为最大堆的情况,图中所有父节点都比他们的子节点大。

二叉堆可以用数组表示,如图13.12所示。

图 13.12

仔细查看数组会发现，如果父节点在位置 **n**，则左子节点位置为 **2n + 1**，右子节点位置为 **2n + 2**，如图 13.13 所示。

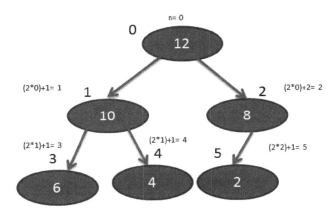

图 13.13

因此，如果知道了父节点的位置，则可以很容易地找出左右子节点的位置。

现在假设必须使用以下值构建最大堆：20、4、90、1、125。

步骤 1 插入 20，如图 13.14 所示。

步骤 2 插入 4→从左到右→第二行第一个元素，如图 13.15 所示。

父节点大于子节点，这恰好符合最大堆的要求。

图 13.14　　　　　　　　　　　图 13.15

步骤 3 插入 90→从左到右→第二行中的第二个元素。

但是当插入 90 作为右子节点时，因为父节点的值为 20，所以这违反了最大堆的规则。为了解决此问题，最好的方法是交换位置，如图 13.16 所示。

交换 20 与 90 的位置后的堆如图 13.17 所示。

步骤 4 插入 1→从左到右→第三行的第一个元素，如图 13.18 所示。

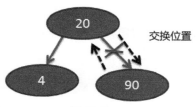

图 13.16   图 13.17

由于 1 小于父节点，因此没问题。

步骤 5 插入 125，如图 13.19 所示。

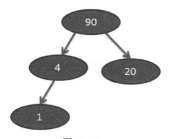   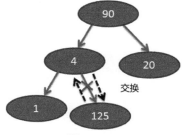

图 13.18   图 13.19

这违反了最大堆的规则。

步骤 6 交换 4 和 125 的位置，如图 13.20 所示。
仍不满足最大堆规则。

步骤 7 交换 125 和 90 的位置，如图 13.21 所示。

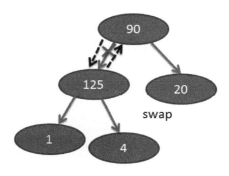   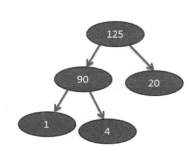

图 13.20   图 13.21

现在生成了一个最大堆。

问题：编写 Python 代码来实现最大堆。如何插入数值以使根节点具有最大值，并且使所有父节点都大于其子节点。

回答：编写实现 **Maxheap** 类的代码，该类有两个函数。

- **Push()**：插入值。

- **Float_up()**：将值放在它所属的位置。

步骤 1　定义类。

```
class MaxHeap:
```

步骤 2　定义构造函数。

```
def __init__(self):
    self.heap = []
```

步骤 3　定义 push()函数。
push()函数完成两项工作。
- 将值附加到列表末尾（之前已经看到，数值会先被插入可用位置）。
- 在添加值之后，push()函数将调用 **float_up(index)**函数。Push()函数将最后一个元素的索引传递给 **float_up()**函数，以便 **float_up()** 函数可以分析值并执行下一步的操作。

```
def push(self,value):
    self.heap.append(value)
    self.float_up(len(self.heap)-1)
```

步骤 4　定义 float_up()函数。
float_up()函数将索引值作为参数。

```
def float_up(self,index):
```

push()函数的作用是传递堆中最后一个元素的索引值。float_up()函数首先检查元素是否在索引 0 处，如果是，则它是根节点。因为它是堆的最后一个元素，所以根节点没有父节点，同时也没有子节点。如果堆的最后一个元素是根节点，则返回值。

```
if index==0:
        return
```

如果索引值大于 0，则继续进行下一步操作。我们来了解一下二叉树的插入顺序，如图 13.22 所示。

索引 0 在位置 1 和位置 2 处有两个子节点。如果在索引 1 处有一个元素，则可以通过计算（1 // 2）的值来找到父节点。类似地，对于索引 2 处的元素，可以通过计算（2 // 2 -1）的值来找出父节点的索引值。如果一个元素的索引值是奇数，则它的父节点的索引值为 **parent_of_index = index // 2**；如果元素的索引值是偶数，

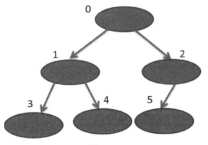

图 13.22

则其父节点的索引值 **parent_of_index** 将为（**index // 2**）-1。上述是编写 **float_up** 函数的整体框架。右边的子节点以偶数作为索引，而左边的子节点以奇数作为索引。

```
if index==0:
        return
    else:
        if index%2==0:
            parent_of_index = (index//2)-1
            ----------编写操作代码-------------
        else:
            parent_of_index = index//2
            ----------编写操作代码-------------
```

现在，比较子节点和父节点的值。如果子节点的值大于父节点的值，则交换元素。

```
def float_up(self,index):
    if index==0:
        return
    else:
        if index%2==0:
            parent_of_index = (index//2)-1
            if self.heap[index]> self.heap[parent_of_index]:
                self.swap(index, parent_of_index)
        else:
            parent_of_index = index//2
            if self.heap[index]> self.heap[parent_of_index]:
                self.swap(index, parent_of_index)
        self.float_up(parent_of_index)
```

步骤 5　定义 swap() 函数

swap() 函数的作用是交换父节点和子节点的值。

```
def swap(self,index1, index2):
    temp = self.heap[index1]
    self.heap[index1] = self.heap[index2]
    self.heap[index2] = temp
```

代码如下。

```
class MaxHeap:
    def __init__(self):
        self.heap = []
    def push(self,value):
        self.heap.append(value)
        self.float_up(len(self.heap)-1)
    def float_up(self,index):
        if index==0:
            return
        else:
            if index%2==0:
```

```
                parent_of_index = (index//2)-1
                if self.heap[index]> self.heap[parent_of_index]:
                    self.swap(index, parent_of_index)
            else:
                parent_of_index = index//2
                if self.heap[index]> self.heap[parent_of_index]:
                    self.swap(index, parent_of_index)
            self.float_up(parent_of_index)
    def peek(self):
        print(self.heap[0])
    def pop(self):
        if len(self.heap)>=2:
            temp = self.heap[0]
            self.heap[0]=self.heap[len(self.heap)-1]
            self.heap[len(self.heap)-1]
            self.heap.pop()
            self.down_adj()
        elif len(self.heap)==1:
            self.heap.pop()
        else:
            print("没有可移除的值")
    def swap(self,index1, index2):
        temp = self.heap[index1]
        self.heap[index1] = self.heap[index2]
        self.heap[index2] = temp
```

执行代码。

```
H = MaxHeap()
print("*****添加数值***********")
print("添加165")
H.push(165)
print(H.heap)
print("添加60")
H.push(60)
print(H.heap)
print("添加179")
H.push(179)
print(H.heap)
print("添加400")
H.push(400)
print(H.heap)
print("添加6")
H.push(6)
print(H.heap)
print("添加275")
H.push(275)
print(H.heap)
```

输出结果如下。

```
*****添加数值***********
添加165
[165]
添加60
```

```
[165, 60]
添加 179
[179, 60, 165]
添加 400
[400, 179, 165, 60]
添加 6
[400, 179, 165, 60, 6]
添加 275
[400, 179, 275, 60, 6, 165]
>>>
```

问题：编写代码以找出最大堆中的最大值。

回答：在最大堆中，最大值位于堆中索引值为 0 的根节点处。

```
def peek(self):
        print(self.heap[0])
```

问题：编写代码以移除最大堆的最大值。

回答：这个问题涉及两个步骤。

- 交换根节点与数组中的最后一个元素的数值，并移除根节点处的值。
- 在最大堆中，根节点处的值必须为最大堆中的最大值。现在需要将父节点的值与它们的左右子节点的值进行比较，以确保子节点的值小于父节点的值。如果不是，则需要再次交换位置。

步骤 1 定义 pop() 函数。

pop()函数将根节点的值与列表中的最后一个元素交换，并移除根节点的值。然后 pop()函数调用向下移动并调整数值位置的 down_adj()函数。pop()函数首先检查堆的大小。如果堆的长度为 1，则表示它只包含一个作为根的元素，并且不需要进一步交换。

```
def pop(self):
        if len(self.heap)>2:
            temp = self.heap[0]
            self.heap[0]=self.heap[len(self.heap)-1]
            self.heap[len(self.heap)-1]
            self.heap.pop()
            print("移除最大值之后的堆为", self.heap)
            self.down_adj()
        elif len(self.heap)==1:
            self.heap.pop()
        else:
            print("没有可移除的值")
```

步骤 2 定义 down_adj() 函数。

将 **index** 值设置为 0。

左子节点的索引 = **left_child = index* 2 + 1**

右子节点的索引 = **right_child = index* 2 + 2**

然后通过一个循环比较左右子节点与父节点的值。如果父节点的值小于左子节点的值,则交换两个值。然后将父节点的值与右子节点的值进行比较,如果父节点的值小于右子节点的值,则再次交换。

以上过程也可以按如下方式完成。

- 检查父节点的值是否小于左子节点。
    - 如果父节点的值小于左子节点,则检查左子节点的值是否小于右子节点的值。
    - 如果左子节点的值小于右子节点的值,则交换父节点的值与右子节点的值。
    - 将 **index** 的值更改为右子节点 **right_child** 的索引值并进行下一步操作。
- 如果左子节点的值大于右子节点的值,则只需将父节点的值与左子节点的值交换。
- 将 **index** 的值设置为左子节点 **left_child** 的索引值并进行下一步操作。
- 如果父节点的值大于左子节点的值但小于右子节点的值,则将父节点的值与右子节点的值进行交换。
- 将 **index** 的值更改为右子节点 **right_child** 的索引值。

```
def down_adj(self):
    index = 0
    for i in range(len(self.heap)//2):
        left_child = index*2+1
        if left_child > len(self.heap):
            return
        print("左子节点为", left_child)
        right_child = index*2+2
        if right_child > len(self.heap):
            return
        print("右子节点为", right_child)
        if self.heap[index]<self.heap[left_child]:
            temp = self.heap[index]
            self.heap[index] = self.heap[left_child]
            self.heap[left_child] = temp
            index = left_child
        if self.heap[index]<self.heap[right_child]:
            temp = self.heap[index]
        self.heap[index] = self.heap[right_child]
            self.heap[right_child] = temp
            index = right_child
```

代码如下。

```
class MaxHeap:
    def __init__(self):
        self.heap = []
    def push(self,value):
        self.heap.append(value)
        self.float_up(len(self.heap)-1)
    def float_up(self,index):
        if index==0:
            return
        else:
```

```python
            if index%2==0:
                parent_of_index = (index//2)-1
                if self.heap[index]> self.heap[parent_of_index]:
                    temp = self.heap[parent_of_index]
                    self.heap[parent_of_index] = self.heap[index]
                    self.heap[index] = temp
            else:
                parent_of_index = index//2
                if self.heap[index]> self.heap[parent_of_index]:
                    temp = self.heap[parent_of_index]
                    self.heap[parent_of_index] = self.heap[index]
                    self.heap[index] = temp
            self.float_up(parent_of_index)

    def peek(self):
        print(self.heap[0])
    def pop(self):
        if len(self.heap)>=2:
            temp = self.heap[0]
            self.heap[0]=self.heap[len(self.heap)-1]
            self.heap[len(self.heap)-1]
            self.heap.pop()
            self.down_adj()
        elif len(self.heap)==1:
            self.heap.pop()
        else:
            print("没有可移除的值")
    def swap(self,index1, index2):
        temp = self.heap[index1]
        self.heap[index1] = self.heap[index2]
        self.heap[index2] = temp

    def down_adj(self):
        index = 0
        for i in range(len(self.heap)//2):
            left_child = index*2+1
            if left_child > len(self.heap)-1:
                print(self.heap)
                print("终点")
                print("移除值之后的堆为",self.heap)
                return

            right_child = index*2+2
            if right_child > len(self.heap)-1:
                print("不存在右子节点")
                if self.heap[index]<self.heap[left_child]:
                    self.swap(index,left_child)
                    index = left_child
                    print("移除值之后的堆为",self.heap)
                return
            if self.heap[index]<self.heap[left_child]:
                if self.heap[left_child]<self.heap[right_child]:
                    self.swap(index,right_child)
                    index = right_child
                else:
                    self.swap(index,left_child)
                    index = left_child
```

```
            elif self.heap[index]<self.heap[right_child]:
                self.swap(index,right_child)
                index = right_child
            else:
                print("符合要求,并不需要改变" )
        print("移除值之后的堆为",self.heap)
```

执行代码。

```
H = MaxHeap()
print("*****添加数值***********")
H.push(165)
print(H.heap)
H.push(60)
print(H.heap)
H.push(179)
print(H.heap)
H.push(400)
print(H.heap)
H.push(6)
print(H.heap)
H.push(275)
print(H.heap)
print("*********移除数值*******")
H.pop()
H.pop()
H.pop()
H.pop()
H.pop()
H.pop()
```

输出结果如下。

```
*****添加数值***********
[165]
[165, 60]
[179, 60, 165]
[400, 179, 165, 60]
[400, 179, 165, 60, 6]
[400, 179, 275, 60, 6, 165]
*********移除数值*******
[275, 179, 165, 60, 6]
终点
移除值之后的堆为[275, 179, 165, 60, 6]
不存在右子节点
移除值之后的堆为[179, 60, 165, 6]
移除值之后的堆为[165, 60, 6]
不存在右子节点
移除值之后的堆为[60, 6]
移除值之后的堆为[6]
没有可移除的值
>>>
```

问题：最大堆的时间复杂度。

回答：

- 插入元素，**O(log n)**。
- 获取最大值，由于最大值始终位于索引值为 0 处的根节点，因此为 **O(1)**。
- 删除最大值，**O(log n)**。

最小堆的实现与最大堆类似，只是在这种情况下，根节点具有最小值，而父节点的值小于左、右子节点。

```python
class MinHeap:
    def __init__(self):
        self.heap = []
    def push(self,value):
        self.heap.append(value)
        self.float_up(len(self.heap)-1)
    def float_up(self,index):
        if index==0:
            return
        else:
            if index%2==0:
                parent_of_index = (index//2)-1
                if self.heap[index]< self.heap[parent_of_index]:
                    self.swap(index, parent_of_index)
            else:
                parent_of_index = index//2
                if self.heap[index]< self. heap[parent_of_index]:
                    self.swap(index, parent_of_index)
            self.float_up(parent_of_index)
    def peek(self):
        print(self.heap[0])
    def pop(self):
        if len(self.heap)>=2:
            temp = self.heap[0]
            self.heap[0]=self.heap[len(self.heap)-1]
            self.heap[len(self.heap)-1]
            self.heap.pop()
            self.down_adj()
        elif len(self.heap)==1:
            self.heap.pop()
        else:
            print("Nothing to pop")
    def swap(self,index1, index2):
        temp = self.heap[index1]
        self.heap[index1] = self.heap[index2]
        self.heap[index2] = temp
```

执行代码。

```python
H = MinHeap()
print("******添加数值***********")
print("添加 165")
H.push(165)
print(H.heap)
```

```
print("添加 60")
H.push(60)
print(H.heap)
print("添加 179")
H.push(179)
print(H.heap)
print("添加 400")
H.push(400)
print(H.heap)
print("添加 6")
H.push(6)
print(H.heap)
print("添加 275")
H.push(275)
print(H.heap)
```

输出结果如下。

```
*****添加数值***********
添加 165
[165]
添加 60
[60, 165]
添加 179
[60, 165, 179]
添加 400
[60, 165, 179, 400]
添加 6
[6, 60, 179, 400, 165]
添加 275
[6, 60, 179, 400, 165, 275]
>>>
```

问题：二叉堆的应用有哪些？

回答： 二叉堆的应用包括以下几种。

- **Dijkstra** 算法。
- **Prims** 算法。
- 优先级队列。
- 可用于解决以下问题。
    - 查找数组中第 K 个最大元素。
    - 对有序数组进行排序。
    - 合并 K 个有序数组。

问题：什么是优先级队列以及如何实现？

回答： 优先级队列就像一个队列，具有几乎与队列相同的特性，但它更高级。主要区别在于，它将较高优先级的值排列在前面，将最低优先级的值排列在后面。优先段队列从后面按顺序添加元素，并从前面删除最高优先级的元素。具有相同优先级的元素按其队列中的顺序处理。

二叉堆是实现优先级队列的最佳方式，因为它们可以在 **O(1)** 时间内检索具有最高优先级的元素。插入和删除可能需要 **O(logn)** 的时间。除此以外，由于二叉堆使用列表或数组，因此很容易找到元素，并且所涉及的进程非常适合缓存。二叉堆不需要额外的指针空间，而且更容易插入。

第 14 章 搜索和排序

14.1 顺序搜索

基于 Python 运算符的章节已经介绍了使用成员运算符 **in** 来检查列表中是否存在值。

```
>>> list1 = [1,2,3,4,5,6,7]
>>> 3 in list1
True
>>> 8 in list1
False
>>>
```

上例只是在列表中搜索元素。接下来我们将研究如何搜索元素以及如何提高搜索效率，首先来了解顺序搜索。

搜索序列元素的一种简单方法是逐个检查每个元素。如果找到该元素，则搜索结束并返回该元素；否则搜索将继续直到序列结束。这种搜索方法称为线性搜索或顺序搜索。它虽然简单，但是一种非常低效的搜索元素的方式，因为需要从开始到结束逐个元素进行检查，如果元素不存在于序列中，则需要将序列中的元素全部遍历才能最终确定。

顺序搜索的时间分析示例如图 14.1 所示。

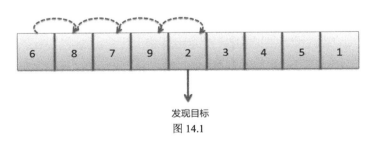

图 14.1

- 最好的情况是，要查找的元素是列表中的第一个元素。在这种情况下，时间复杂度将为 **O(1)**。
- 最糟糕的情况是，遍历整个序列后确定正在寻找的元素并不存在，在这种情况下，时

间复杂度将为 **O(n)**。

问题：顺序搜索也称为_____。
回答：线性搜索。

问题：顺序搜索中如何检查元素？
回答：元素按顺序依次逐个进行评估。

问题：顺序搜索何时结束？
回答：顺序搜索在找到元素或到达序列末尾时结束。

问题：编写代码以实现顺序搜索。
回答：顺序搜索可以通过如下步骤实现。

- 函数有两个值：**seq_list** 是列表，**target_num** 是要在列表中搜索的数值。
- 设置 **search_flag = 0**，如果在列表中找到目标数值，则将 **search_flag** 设置为 1；否则将其设为 0。
- 遍历列表，将列表中的每个元素与 **target_num** 进行比较。
- 如果找到匹配项，则打印一条消息并将 **search_flag** 更新为 1。
- 如果 **search_flag** 仍为 0，则在 for 循环之后，打印信息表示在列表中未找到该数值。

```python
def sequential_search(seq_list, target_num):
    search_flag = 0
    for i in range(len(seq_list)):
        if seq_list[i] == target_num:
            print("发现目标数值： ", target_num, "   其索引值为", i, "。")
            search_flag = 1;
    if search_flag == 0:
        print("目标数值不存在，搜索失败。")
```

执行代码。

```python
seq_list = [1,2,3,4,5,6,7,8,2,9,10,11,12,13,14,15,16]
target_num = input("请输入目标数值：")
sequential_search(seq_list, int(target_num))
```

输出 1 如下。

```
请输入目标数值：5
发现目标数值： 5    其索引值为 4。
```

输出 2 如下。

```
请输入目标数值：2
```

```
发现目标数值：  2    其索引值为1。
发现目标数值：  2    其索引值为8。
```

输出 3 如下。

```
请输入目标数值：87
目标数值不存在，搜索失败。
```

问题：如何实现有序列表中的顺序搜索？

回答： 当列表中的元素被排序时，多数情况下可能并不需要扫描整个列表。当搜索到首个大于目标数的元素时，搜索结束。

步骤 1 定义一个函数 sequential_search()，它接收两个参数：一个列表（**seq_list**）和需要查找的数值（**target_num**）。

```
def sequential_search(seq_list, target_num):
```

步骤 2 需要设置一个标志（**search_flag**）并将其设置为 False 或 0 值。如果找到元素，则标志设置为 True 或 1。因此，在遍历列表后，如果 **search_flag** 值仍为 False 或 0，则表示列表中不存在需要查找的数值。

```
def sequential_search(seq_list, target_num):
    search_flag = 0
```

步骤 3 开始逐个检查元素。为此定义一个 for 循环。

```
def sequential_search(seq_list, target_num):
    search_flag = 0
    for i in range(len(seq_list)):
```

步骤 4 现在定义如何比较列表中的元素。由于列表 **seq_list** 是一个有序列表，因此对于在 **seq_list** 中的每个索引值 "i" 处的元素都需要检查是否大于目标数值 **target_num**。考虑到 **seq_list** 是一个有序列表，如果条件成立，则表示已经找到首个大于正在寻找的数值的元素，之后的元素将均大于目标数值，这进一步意味着列表中已经没有需要继续进行对比的元素，搜索结束。如果 **seq_list [i] == target_num**，则表示搜索成功，可以将 **search_flag** 设置为 1。

```
def sequential_search(seq_list, target_num):
search_flag = 0
    for i in range(len(seq_list)):
        if seq_list[i] > target_num:
            print("搜索结束。")
            break;
        elif seq_list[i] == target_num:
            print("发现目标数值: ", target_num, " 索引值为", i, "。")
```

```
            search_flag = 1;
```

步骤 5 如果 **search_flag** 的值仍然为 0,则执行 for 循环后的 **print** 语句,输出一条消息以指出未找到目标号码。

```
def sequential_search(seq_list, target_num):
    search_flag = 0
    for i in range(len(seq_list)):
        if seq_list[i] > target_num:
            print("搜索结束。")
            break;
        elif seq_list[i] == target_num:
            print("发现目标数值: ", target_num, " 索引值为", i, "。")
            search_flag = 1;

    if search_flag == 0:
        print("目标数值不存在,搜索失败。")
```

执行代码。

```
seq_list = [1,2,3,4,5,6,7,8,2,9,10,11,12,13,14,15,16]
target_num = input("请输入目标数值: ")
sequential_search(seq_list, int(target_num))
```

输出 1 如下。

```
请输入目标数值: 2
发现目标数值: 2 索引值为 1。
发现目标数值: 2 索引值为 2。
搜索结束。
>>>
```

输出 2 如下。

```
请输入目标数值: 8
发现目标数值: 8 索引值为: 8。
搜索结束。
>>>
```

输出 3 如下。

```
请输入目标数值: 89
目标数值不存在,搜索失败。
>>>
```

1. 二分法查找

二分法查找用于从有序列表中定位目标值。搜索从序列的中心开始,若位于中心位置处的元素不等于目标数值,则将中心位置处的数值与目标数值进行比较。如果目标数值大于中心元素,则意味着需要在列表的右半部分搜索数值,而不需要触碰左半部分。同样,如果目标数值小于中心元素,那么搜索工作指向左侧。重复该过程直到搜索完成。二分法查找的优点在于,在每次搜索操作中,序列都被切分成两部分,焦点只转移到有机会获得该值的那一部分,如图 14.2 所示。

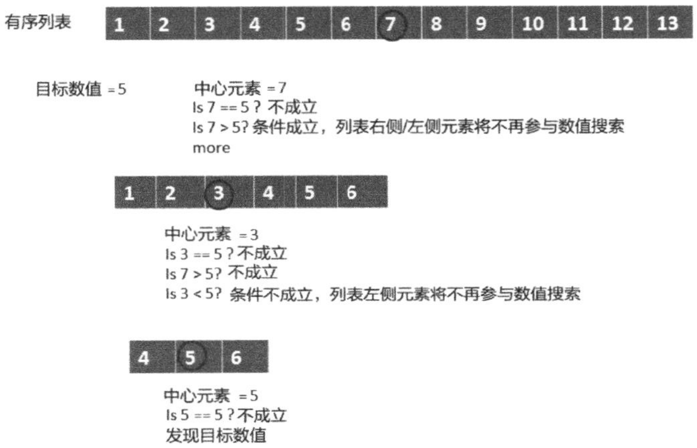

图 14.2

问题:编写代码来实现二分法查找算法。

回答: 二分法查找可以通过以下方式实现。

步骤 1 定义 **binary_search** 函数,需要 4 个参数。
- **sorted_list**:有序的输入列表。
- **target_num**:需要寻找的数值。
- **starting_point**:搜索的开始位置,默认值为 0。
- **end_point**:搜索的结束位置,默认值为 None。

请注意,在每个步骤中,列表将被拆分为一半,因此每个搜索操作中的起点和终点可能会发生变化。

```
def binary_search(sorted_list, target_num, start_point=0, end_point=None):
```

步骤 2 执行以下操作。
- 将 **search_flag** 设置为 False。
- 如果未提供 **end_point**,则其默认值为 None,将其设置为输入列表的长度。

```
def binary_search(sorted_list, target_num, start_point=0, end_point=None):
search_flag = False
    if end_point == None:
        end_point = len(sorted_list)-1
```

步骤3 检查 start_points 是否小于 end_point。如果是，则执行以下操作。
- 获取中心点的索引值：mid_point =（end_point + start_point）// 2。
- 检查 mid_point 处元素的值是否等于 target_num。
  - 如果 sorted_list [mid_point] == target_num，则将 search_flag 设置为 True。
- 检查 mid_point 处元素的值是否大于 target_num。
  - sorted_list [mid_point] > target_num。
  - 如果是，则丢弃列表的右侧，从开始位置到 mid_point-1 处重复搜索。将终点设置为 mid_point -1，起点保持不变（0）。
  - 该函数现在应该调用函数本身。
    - sorted_list：与之前相同。
    - target_num：与之前相同。
    - starting_point：与之前相同。
    - end_point：mid_point-1。
- 检查 mid_point 处元素的值是否小于 target_num。
  - sorted_list [mid_point] <target_num。
  - 如果是，则丢弃列表的左侧，从 mid_point + 1 到列表末尾重复搜索。将起点设置为 mid_point + 1，ending_point 保持不变。
  - 该函数现在应该调用函数本身。
    - sorted_list：与之前相同。
    - target_num：与之前相同。
    - starting_point：mid_point + 1。
    - end_point：与之前相同。
- 如果此过程结束时，search_flag 仍设置为 False，则表示该值不存在于列表中。

```python
def binary_search(sorted_list, target_num, start_point=0, end_point=None):
    search_flag = False
    if end_point == None:
        end_point = len(sorted_list)-1
    if start_point < end_point:
        mid_point = (end_point+start_point)//2
        if sorted_list[mid_point] == target_num:
            search_flag = True
            print(target_num, "存在于列表中，其索引值为", sorted_list.index(target_num))
        elif sorted_list[mid_point] > target_num:
            end_point = mid_point-1
            binary_search(sorted_list, target_num,start_point, end_point)
        elif sorted_list[mid_point] < target_num:
            start_point = mid_point+1
            binary_search(sorted_list, target_num, start_point, end_point)
    elif not search_flag:
        print(target_num, "不存在于列表中。")
```

执行代码。

```
sorted_list=[1,2,3,4,5,6,7,8,9,10,11,12,13]
binary_search(sorted_list,14)
binary_search(sorted_list,0)
binary_search(sorted_list,5)
```

输出结果如下。

```
14 不存在于列表中。
0 不存在于列表中。
5 存在于列表中，其索引值为 4
```

2. 哈希表

哈希表是使用哈希函数为数据元素生成索引或地址值的数据结构，它用于实现可以将键映射到值的关联数组。这样做的好处是，当索引值作为数据值的键时，能够更快地访问数据。哈希表以键值对的形式存储数据，但数据是使用哈希函数生成的。在 Python 中，哈希表只是字典数据类型。字典中的键是使用哈希函数生成的，并且字典中数据元素的顺序不固定。前面的章节已经介绍了可以用来访问字典对象的各种函数，但是在这里我们要学习的是哈希表实际上是如何实现的。

通过二叉查找树，可以在 **O(logn)** 的时间复杂度内实现各种操作。这里出现的问题是搜索操作能否更快？是否有可能达到 **O(1)** 的时间复杂度？这正是哈希表出现的原因。如果索引已知，则在列表或数组中，搜索操作的时间复杂度可以缩减为 **O(1)**。类似地，如果数据存储在键值对中，则可以更快地检索结果。我们有键和可以放置数值的插槽，如果能够在插槽和键之间建立关系，则更容易快速地检索数值，如图 14.3 所示。

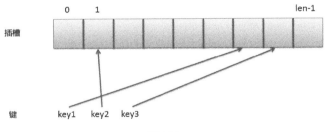

图 14.3

键值并不总是非负整数，它也可以是一个字符串，同时数组的索引从 0 开始到 **length_of_array -1**，因此需要进行预先处理以便匹配字符串键与索引。对于每个键，需要在数组中找到可以放置相应值的索引。为了做到这一点，必须创建一个 hash() 函数，该函数可以将任何类型的键映射到随机数组索引。

在此过程中可能会发生冲突。冲突是指将两个键映射到相同的索引，如图 14.4 所示。

我们可以使用拉链法（chaining）来解决冲突。拉链法是指在链表的帮助下将值存储在同一个槽，如图 14.5 所示。

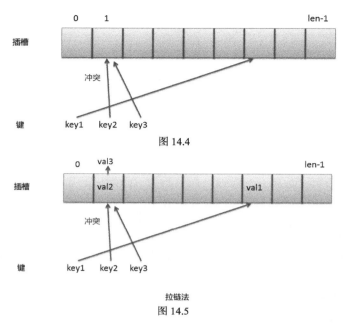

图 14.4

拉链法
图 14.5

但是，同一地点可能会出现冲突，并且考虑到最坏的情况，需要将所有值作为链表的元素插入，这可能将对时间复杂性产生严重影响。最糟糕的情况是将所有数值作为链表元素放在同一个索引中。

为了避免这种情况发生，可以考虑开放定址法（Open Addressing）。开放定址是一个创建新地址的过程。我们只需要考虑一种情况：如果发生冲突，则将索引增加 1 并将值放在那里，如图 14.6 所示。因为 **val2** 已经存在于索引 1 中，所以放置 **val3** 时存在冲突。因此，索引值增加 1（1+1=2），将 **val3** 放在索引 2 处。

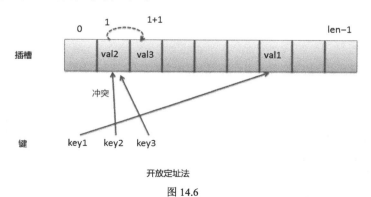

开放定址法
图 14.6

如果在索引 2 处已存在其他任何值，则索引将再次递增并且 **val3** 放在索引 3 处。这意味着该递增索引的过程会一直继续，直到找到空槽为止，这称为线性探测（Linear Probing）。另外，二次探测（Quadratic Probing）增加索引值为原来的两倍。因此，搜索空槽的距离为1、2、4、8，依此类推。再哈希法（Rehashing）是对再次获得的结果进行哈希以找到空槽的过程。

哈希函数的目的是计算一个可以找到正确的值的索引，因此它的工作如下。
- 在数组中均匀分布键。
- 如果 n 是键的数量，m 是数组的大小，则为了避免使用整数作为键，hash()= n%m（模运算符）。
    - 对于数组和哈希函数，更倾向于使用质数进行均匀分布。
    - 对于字符串键，可以计算每个字符的 ASCII 值并将其相加，然后对它们进行模运算。

在许多场景中，哈希表被证明比搜索树更有效，并且经常用于缓存、数据库和集合中，其要点如下。
- 可以使用质数来避免聚类。
- 条目数除以数组大小称为**负载因子**（load factor）。
- 如果负载因子增加，则冲突次数会增加。这将降低哈希表的性能。
- 当负载因子超过给定阈值时调整表的大小。但是，因为输入值的哈希值将在调整大小时发生改变，所以这可能需要 O(n) 才能完成。因此，动态大小数组可能不适合实时场景。

问题：哈希函数有什么作用？

回答：哈希函数的目的是将值或条目映射到哈希表的可用槽中。因此，对于每个条目，哈希函数将计算一个整数值，该整数值范围为 **0 ~ m-1**，其中 **m** 是数组的长度。

问题：什么是哈希函数除留余数法（remainder hash function）？缺点是什么？编写代码以实现哈希函数除留余数法。

回答：哈希函数除留余数法通过每次从集合中取一项来计算索引值，将其除以数组的大小，并返回余数。

H(item)= item%m，其中 m 为数组的大小。

考虑数组：[18,12,45,34,89,4]，数组大小为 8，计算结果如表 14.1 所示。

表 14.1

item	计算= item %m	结果
18	18%8	2
12	12%8	4
45	45%8	5
34	34%8	2
89	89%8	1
4	4%8	4

从上例可以看到，18 和 34 具有相同的哈希值 2，12 和 4 具有相同的哈希值 4，这是执行程

序时发生冲突的情况,值 18 和 12 被替换为 34 和 4,在哈希表中将不会找到 18 和 12。

下面介绍如何实现。

步骤 1 定义将列表和数组大小作为输入的哈希函数。

```
def hash(list_items, size):
```

步骤 2 执行以下操作。
- 创建一个空列表。
- 现在构建从 **0 ~ size** 的键。此例采用 8 个元素的列表,因此创建一个列表[0,1,2,3,4,5,6,7]。
- 使用 **fromkeys()** 将此列表转换为字典形式,可以得到一个 {0: None,1: None,2: None,3: None,4: None,5: None,6: None,7: None} 形式的字典对象。将这个值赋值给 hash_table。

```
def hash(list_items, size):
    temp_list =[]
    for i in range(size):
        temp_list.append(i)
    hash_table = dict.fromkeys(temp_list)
```

步骤 3 执行以下操作。
- 现在遍历列表。
- 通过计算 **item%size** 来获得每个条目的索引。
- 对于 **hash_table = index** 中的键值,插入该条目。

```
def hash(list_items, size):
    temp_list =[]
    for i in range(size):
        temp_list.append(i)
    hash_table = dict.fromkeys(temp_list)
    for item in list_items:
        i = item%size
        hash_table[i] = item
    print("哈希表的值为",hash_table)
```

执行代码。

```
list_items = [18,12,45,34,89,4]
hash(list_items, 8)
```

输出结果如下。

```
哈希表的值为{0: None, 1: 89, 2: 34, 3: None, 4: 4, 5: 45, 6: None, 7: None}
>>>
```

问题：什么是哈希函数折叠法？

回答：哈希函数折叠法是一种用于避免在哈希时发生冲突的技术。列表中的条目被分成相等大小的片段，将其相加，然后使用相同的哈希函数（**item%size**）计算槽值。

假设有一个电话列表，如下所示。

phone_list = [4567774321, 4567775514, 9851742433, 4368884732]

将每组数字转换为字符串，然后将每个字符串转换为列表，然后将每个列表附加到另一个列表，可以得到以下结果。

[['4', '5', '6', '7', '7', '7', '4', '3', '2', '1'], ['4', '5 ', '6', '7', '7', '7', '5', '5', '1', '4'], ['9', '8', '5', '1 ', '7', '4', '2', '4', '3', '3'], ['4', '3', '6', '8', '8', '8', '4', '7', '3', '2']]

现在从这个新列表中逐个获取每个列表项。列表中每两个字符相连并转换为整数，然后将获得的整数值与下一组两个字符转换获得的整数相加，重复此操作过程，直到添加完所有元素。计算过程如下所示。

['4', '5', '6', '7', '7', '7', '4', '3', '2', '1']
- 选取的两个字符：4 5。

字符串值为 45

整数值为 45

哈希值为 45

- 选取的两个字符：6 7。

字符串值为 67

整数值为 67

哈希值为 45 + 67 = 112

- 选取的两个字符：7 7。

字符串值为 77

整数值为 77

哈希值为 112 + 77 = 189

- 选取的两个字符：4 3。

字符串值为 43

整数值为 43

哈希值为 189 + 43 = 232

- 选取的两个字符：2 1。

字符串值为 21

整数值为 21

哈希值为 232 + 21 = 253

['4', '5', '6', '7', '7', '7', '5', '5', '1', '4']的哈希值为 511。

['9', '8', '5', '1', '7', '4', '2', '4', '3', '3']的哈希值为 791。

['4', '3', '6', '8', '8', '8', '4', '7', '3', '2']的哈希值为 1069。

现在对大小为 11 的[253,511,791,1069]调用哈希函数，如表 14.2 所示。

表 14.2

item	计算=item%m	结果
253	253%11	0
511	511%11	5
791	791%11	10
1069	1069%11	2

得到的结果如下。

{0: 253, 1: None, 2: 1069, 3: None, 4: None, 5: 511, 6: None, 7: None, 8: None, 9: None, 10: 791}

问题：编写代码实现编码哈希函数。
回答：来看一看这个程序的执行语句。

```
phone_list = [4567774321, 4567775514, 9851742433, 4368884732]
str_phone_values = convert_to_string(phone_list)
folded_value = folding_hash(str_phone_values)
folding_hash_table = hash(folded_value,11)
print(folding_hash_table)
```

- 定义了电话号码列表：phone_list = [4567774321, 4567775514, 9851742433, 4368884732]。
- 下一条语句"str_phone_values = convert_to_string（phone_list）"调用函数 convert_to_string()并将 phone_list 作为参数传递，返回一个嵌套列表。该函数每次接收一个电话号码，将其转换为列表并添加到新列表中。可以得到的输出为[['4','5','6','7','7','7','4','3','2','1'] , ['4','5','6','7','7','7','5','5','1','4'] , ['9','8 ','5','1','7','4','2','4','3','3'] , ['4','3','6','8','8','8','4','7','3','2']]。此函数涉及以下步骤。

  a）在该函数中定义列表 **phone_list []**。
  b）获取输入列表 **phone_list** 中的每个元素，即电话号码。
    i. 将电话号码转换为字符串：**temp_string = str（i）**。
    ii. 将每个字符串转换为列表：**temp_list = list（temp_string）**。
    iii. 将获取的列表附加到上一步中新定义的 **phone_list**。
    iv. 返回该函数中定义的 **phone_list** 并将值赋给 **str_phone_values**。

```
def convert_to_string(input_list):
    phone_list=[]
    for i in input_list:
        temp_string = str(i)
        temp_list = list(temp_string)
        phone_list.append(temp_list)
    return phone_list
```

- 列表 **str_phone_values** 传递给 **folding_hash()**,此方法将列表作为输入。

a)每个 **phone_list** 元素也是一个列表。

b)逐个列出列表项。

c)列表中每两个字符相连并转换为整数,然后将获得的整数值与下一组两个字符转换获得的整数相加。

d)从列表中移除前两个元素。

e)重复步骤 c)和步骤 d),直到添加完所有元素。

f)该函数返回哈希值列表。

```
def folding_hash(input_list):
    hash_final = []
    while len(input_list) > 0:
        hash_val = 0
        for element in input_list:
            while len(element) > 1:
                string1 = element[0]
                string2 = element[1]
                str_combine = string1 + string2
                int_combine = int(str_combine)
                hash_val += int_combine
                element.pop(0)
                element.pop(0)
            if len(element) > 0:
                hash_val += element[0]
            else:
                pass
            hash_final.append(hash_val)
        return hash_final
```

- 调用大小为 11 的哈希函数。哈希函数的代码是相同的。

```
def hash(list_items, size):
    temp_list =[]
    for i in range(size):
        temp_list.append(i)
    hash_table = dict.fromkeys(temp_list)
    for item in list_items:
        i = item%size
        hash_table[i] = item
    return hash_table
```

代码如下。

```
def hash(list_items, size):
    temp_list =[]
    for i in range(size):
        temp_list.append(i)
    hash_table = dict.fromkeys(temp_list)
    for item in list_items:
```

```
            i = item%size
            hash_table[i] = item
    return hash_table
def convert_to_string(input_list):
    phone_list=[]
    for i in input_list:
        temp_string = str(i)
        temp_list = list(temp_string)
        phone_list.append(temp_list)
    return phone_list
def folding_hash(input_list):
    hash_final = []
    while len(input_list) > 0:
        hash_val = 0
        for element in input_list:
            while len(element) > 1:
                string1 = element[0]
                string2 = element[1]
                str_combine = string1 + string2
                int_combine = int(str_combine)
                hash_val += int_combine
                element.pop(0)
                element.pop(0)
            if len(element) > 0:
                hash_val += element[0]
            else:
                pass
            hash_final.append(hash_val)
        return hash_final
```

执行代码。

```
phone_list = [4567774321, 4567775514, 9851742433, 4368884732]
str_phone_values = convert_to_string(phone_list)
folded_value = folding_hash(str_phone_values)
folding_hash_table = hash(folded_value,11)
print(folding_hash_table)
```

输出结果如下。

```
{0: 253, 1: None, 2: 1069, 3: None, 4: None, 5: 511, 6: None, 7: None, 8: None, 9: None,
10: 791}
```

为了在索引处存储电话号码，稍微修改一下 **hash()** 函数。
- **hash()** 函数将再接收一个参数：**phone_list**。
- 计算索引后，保存 **phone_listis** 中的相应元素而不是 **folding_value**。

```
def hash(list_items,phone_list, size):
    temp_list =[]
    for i in range(size):
        temp_list.append(i)
```

```
    hash_table = dict.fromkeys(temp_list)
    for i in range(len(list_items)):
        hash_index = list_items[i]%size
        hash_table[hash_index] = phone_list[i]
    return hash_table
```

执行代码。

```
phone_list = [4567774321, 4567775514, 9851742433, 4368884732]
str_phone_values = convert_to_string(phone_list)
folded_value = folding_hash(str_phone_values)
folding_hash_table = hash(folded_value,phone_list,11)
print(folding_hash_table)
```

输出结果如下。

```
{0: 4567774321, 1: None, 2: 4368884732, 3: None, 4: None, 5: 4567775514, 6: None, 7: None,
8: None, 9: None, 10: 9851742433}
```

14.2 冒泡排序

冒泡排序也称为下沉排序或比较排序。在冒泡排序中，将每个元素与相邻元素进行比较，如果元素顺序错误，则交换元素。然而，这是一个耗时的算法。它很简单，但效率很低，如图 14.7 所示。

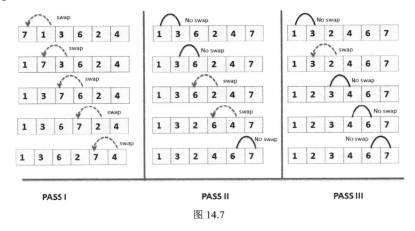

图 14.7

问题：如何在 Python 中实现冒泡排序？
回答：冒泡排序算法的代码非常简单。
步骤 1 定义冒泡排序函数。该函数需要将列表作为输入进行排序。

```
def bubble_sort(input_list):
```

步骤 2 执行以下操作。

在范围 **0 ~ len(input_list)** 中设置循环变量为 **i** 的 **for** 循环。

a）在这个 for 循环中，在范围 0~len((input_list) –i–1) 中设置循环变量为 j 的另一个循环。

b）对于每个 i，在嵌套循环中将索引 j 处的值与索引 j + 1 处的值进行比较。如果索引 j + 1 处的值小于索引 j 处的值，则交换值。

c）for 循环结束后打印排序列表。

```
def bubble_sort(input_list):
    for i in range(len(input_list)):
        for j in range(len(input_list)-i-1):
            if input_list[j]>input_list[j+1]:
                temp = input_list[j]
                input_list[j]=input_list[j+1]
                input_list[j+1]= temp
    print(input_list)
```

执行代码。

```
x = [7,1,3,6,2,4]
print("执行冒泡排序：",x)
bubble_sort(x)

y = [23,67,12,3,45,87,98,34]
print("执行冒泡排序：",y)
bubble_sort(y)
```

输出结果如下。

```
执行冒泡排序： [7, 1, 3, 6, 2, 4]
[1, 2, 3, 4, 6, 7]
执行冒泡排序： [23, 67, 12, 3, 45, 87, 98, 34]
[3, 12, 23, 34, 45, 67, 87, 98]
```

问题：编写代码以实现选择排序。

回答： 执行以下步骤。

步骤 1 定义选择排序函数 **selection_sort**。该函数将列表作为输入进行排序。

```
def selection_sort(input_list):
```

步骤 2 执行以下操作。

在范围 **0 ~ len（input_list）** 中设置循环变量为 **i** 的 **for** 循环。

- 在这个 for 循环中，设置另一个循环变量为 **j** 的在 **(i + 1,len(input_list) –i–1)** 范围内的 for 循环。

- 对于每个 **i**，在嵌套循环中将索引 **j** 处的值与索引 **i** 处的值进行比较。如果索引 **j** 处的值小于索引 **i** 处的值，则交换值。
- **for** 循环结束后打印排序列表。

```
def selection_sort(input_list):
    for i in range(len(input_list)-1):
        for j in range(i+1,len(input_list)):
            if input_list[j] < input_list[i]:
                temp = input_list[j]
                input_list[j] = input_list[i]
                input_list[i] = temp
    print(input_list)
```

执行代码。

```
selection_sort([15,10,3,19,80,85])
```

输出结果如下。

```
[3, 10, 15, 19, 80, 85]
```

14.3 插入排序

在插入排序中，将位于 **x** 处的每个元素与位于 **x-1** 到 0 处的元素进行比较。如果发现该元素小于与其进行比较的任何值，则交换值。重复该过程直到比较最后一个元素，如图 14.8 所示。

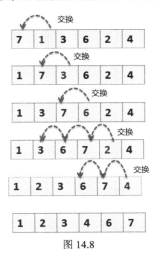

图 14.8

问题：编写代码以实现插入排序。
回答：实现插入排序非常容易。考虑一个列表[7,1,3,6,2,4]，设 **indexi = i**，**indexj = indexi**

+1，如表 14.3 所示。

表 14.3

indexi	indexj	val[i] < val[j]	交换	交换索引值
0	1	1<7	是	indexi= indexi−1 = −1 indexj = indexj−1=0
Iteration 2	列表: 1,7,3,6,2,4			
1	2	3<7	是	indexi= indexi−1= 0 indexj = indexj−1 =1
	列表: 1,3,7,6,2,4			
0	1	3<1	否	indexi= indexi−1= −1
Iteration 3	列表: 1,3,7,6,2,4			
2	3	6<7	是	indexi= indexi−1= 1 indexj = indexj−1 =0
	列表: 1,3,6,7,2,4			
1	2	7<3	否	indexi= indexi−1= 0
0	2	7<1	否	indexi= indexi−1= −1
Iteration 4	列表: 1,3,6,7,2,4			
3	4	2<7	是	indexi= indexi−1= 2 indexj = indexj−1 =1
	列表: 1,3,6,2,7,4			
2	3	2<6	是	indexi= indexi−1= 1 indexj = indexj−1 =2
	列表: 1,3,2,6,7,4			
1	2	2<3	是	indexi= indexi−1= 0 indexj = indexj−1 =1
	列表: 1,2,3,6,7,4			
0	1	2<1 no	否	indexi= indexi−1= −1
Iteration 5	列表: 1,2,3,6,7,4			
4	5	4<7 yes	是	indexi= indexi−1= 3 indexj = indexj−1 =4
	列表: 1,2,3,6,4,7			
3	4	4<6 yes	是	indexi= indexi−1= 2 indexj = indexj−1 =1
	列表: 1,2,3,4,6,7			
2	3	4<3 no	否	indexi= indexi−1=1
1	3	4<2 no	否	indexi= indexi−1=0
0	3	4 < 1 no	否	indexi= indexi−1=−1

步骤 1 定义 insert_sort()函数。该函数将列表 input_list 作为输入。

```
def insertion_sort(input_list):
```

步骤 2 在 0~((input_list)-1)范围内设置循环变量为 i 的 for 循环，设置 indexi = i, indexj = i + 1。

```
for i in range(len(input_list)-1):
        indexi = i
        indexj = i+1
```

步骤 3 设置 while 循环，条件 indexi >= 0。
- 如果 input_list [indexi] > input_list [indexj]，则执行以下操作。
    - 交换 input_list [indexi]和 input_list [indexj]的值。
    - 设置 indexi = indexi −1。
    - 设置 indexj = indexj −1。
- 否则执行以下操作。
    - set indexi = indexi −1。

```
while indexi >= 0:
        if input_list[indexi]>input_list[indexj]:
            print("交换数值")
            temp = input_list[indexi]
            input_list[indexi] = input_list[indexj]
            input_list[indexj] = temp
            indexi = indexi - 1
            indexj = indexj - 1
        else:
            indexi = indexi - 1
```

步骤 4 打印更新的列表。

```
def insertion_sort(input_list):
    for i in range(len(input_list)-1):
        indexi = i
        indexj = i+1
        print("indexi = ", indexi)
        print("indexj = ", indexj)
        while indexi >= 0:
            if input_list[indexi]>input_list[indexj]:
                print("交换数值")
                temp = input_list[indexi]
                input_list[indexi] = input_list[indexj]
                input_list[indexj] = temp
                indexi = indexi - 1
                indexj = indexj - 1
            else:
                indexi = indexi - 1
        print("更新列表：",input_list)
```

```
        print("排序后的最终列表为", input_list)
```

执行代码。

```
insertion_sort([9,5,4,6,7,8,2])
```

输出结果如下。

```
[7, 1, 3, 6, 2, 4]
indexi = 0
indexj = 1
交换数值
更新列表：[1, 7, 3, 6, 2, 4]
indexi = 1
indexj = 2
交换数值
更新列表：[1, 3, 7, 6, 2, 4]
indexi = 2
indexj = 3
交换数值
更新列表：[1, 3, 6, 7, 2, 4]
indexi = 3
indexj = 4
交换数值
更新列表：[1, 2, 3, 6, 7, 4]
indexi = 4
indexj = 5
交换数值
更新列表：[1, 2, 3, 4, 6, 7]
排序后的最终列表为[1, 2, 3, 4, 6, 7]
>>>
```

14.4 希尔排序

- 希尔排序是一种非常有效的排序算法。
- 基于插入排序。
- 首先对广泛分布的元素执行插入排序，然后在每个步骤中缩小空间或间隔。
- 适合中型大小的数据集。
- 最坏情况的时间复杂度：**O(n)**。
- 最坏情况的空间复杂性：**O(n)**。

考虑一个列表：[10,30,11,4,36,31,15,1]，列表的大小 **n** 为 8，列表大小除以 **2(n / 2)** 为 4，将该值赋给 **k**。考虑每个第 **k** 个（在本例中为第 4 个）元素并按正确顺序对它们进行排序，如图 14.9 所示。

执行下列操作。

k = k / 2 = 4/2 = 2

考虑第 **k** 个元素并对其顺序进行排序，如图 14.10 所示。

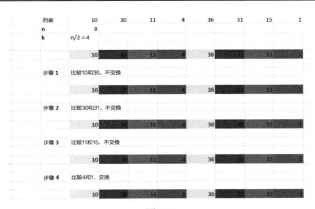

图 14.9

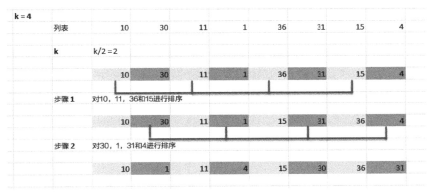

图 14.10

执行下列操作。

k = k / 2 = 2/2 = 1

这是最后一次传递，并且始终是插入传递，如图 14.11 所示。

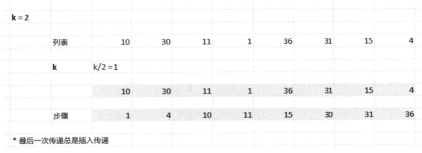

图 14.11

问题：编写代码来实现希尔排序算法。

回答：将涉及以下步骤。

步骤 1 定义 shell_sort() 函数以对列表进行排序。该函数将列表（input_list）作为输入值进行排序。

```
def shell_sort(input_list):
```

步骤2 执行以下操作。
计算列表大小 **n = len(input_list)**。
while 循环的步数 **k = n / 2**。

```
def shell_sort(input_list):
    n = len(input_list)
    k = n//2
```

步骤3 执行以下操作。
- 当 **k > 0** 时，执行以下操作。
    - 在 0 到输入列表大小的范围内设置循环变量为 **j** 的 for 循环。
        - 在 **k** 到输入列表大小(**n**)的范围内设置循环变量为 **i** 的 for 循环。
        - 如果 **i** 处元素的值小于索引 **i-k** 处元素的值，则交换这两个值。
    - 设置 **k = k // 2**。

```
while k > 0:
    for j in range(n):
        for i in range(k,n):
            temp = input_list[i]
            if input_list[i] < input_list[i-k]:
                input_list[i] = input_list[i-k]
                input_list[i-k] = temp
    k = k//2
```

步骤4 打印已排序列表的值。

```
def shell_sort(input_list):
    n = len(input_list)
    k = n//2
    while k > 0:
        for j in range(n):
            for i in range(k,n):
                temp = input_list[i]
                if input_list[i] < input_list[i-k]:
                    input_list[i] = input_list[i-k]
                    input_list[i-k] = temp
        k = k//2
    print(input_list)
```

执行代码。

```
shell_sort([10,30,11,1,36,31,15,4])
```

输出结果如下。

```
[1, 4, 10, 11, 15, 30, 31, 36]
```

14.5 快速排序

- 在快速排序中，使用基准元素（pivot）来比较数字。
- 小于基准元素的所有项都移动到其左侧，所有大于基准元素的项都移动到其右侧。这将获得小于基准元素的所有值的左分区和大于基准元素的所有值的右分区。
- 对于列出的 9 个数字：[15,39,4,20,50,6,28,2,13]，最后一个元素"13"被视为基准元素（pivot）。
- 将第一个元素"15"作为左标记（leftmark），将第二个元素"2"作为右标记（rightmark）。
- 如果左标记值大于基准元素且右标记值小于基准元素（leftmark > pivot，rightmark <pivot），则交换左标记和右标记并将左标记值的索引增加 1，将右标记值的索引减 1。
- 如果左标记值与右标记值均大于基准元素（leftmark> pivot，rightmark> pivot），则只减少右标记值的索引。
- 如果左标记值与右标记值均小于基准元素（leftmark <pivot，rightmark <pivot），则只增加左标记值的索引。
- 如果左标记值小于基准元素且右标记值大于基准元素（leftmark<pivot，rightmark> pivot），则将左标记值的索引增加 1，将右标记值的索引减 1。
- 当左标记和右标记在一个元素处相遇时，将该元素与基准元素（pivot）交换。

现在更新列表：[2,6,4,13,50,39,28,15,20]，如图 14.12 所示。

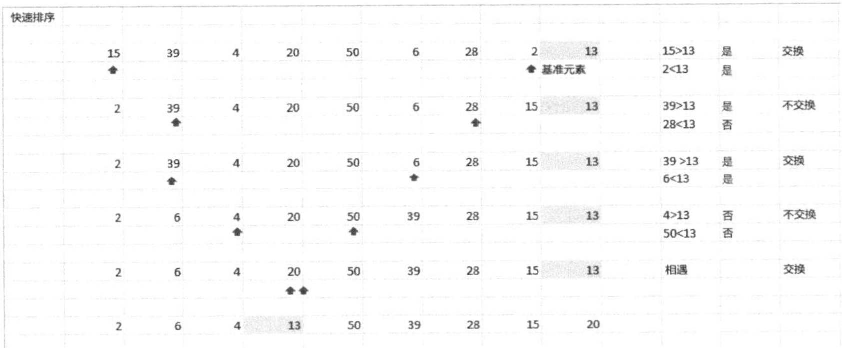

图 14.12

- 对于放在 13 左边的元素，将 4 作为基准元素，并以相同的方式对它们进行排序。
- 一旦左分区完成排序，就取 13 右边的元素并将 20 作为基准元素进行排序，如图 14.13 所示。

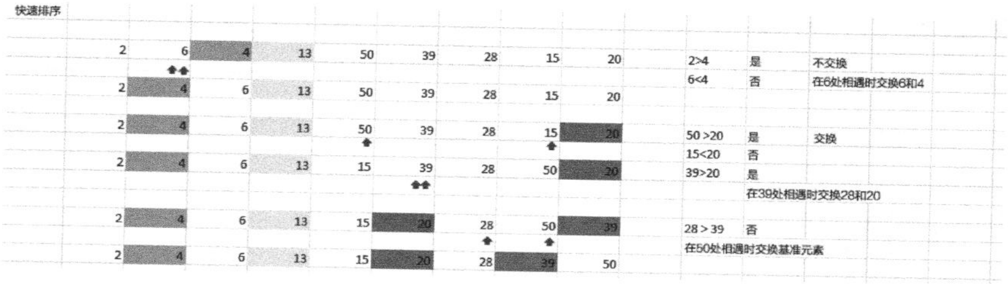

快速排序										
2	6	4		13	50	39	28	15	20	2>4 是 不交换
2		4	6	13	50	39	28	15	20	6<4 否 在6处相遇时交换6和4
2		4	6	13	50	39	28	15	20	50 >20 是 交换
2		4	6	13	15	39	28	50	20	15<20 否 39>20 是 在39处相遇时交换28和20
2		4	6	13	15	20	28	50	39	28 > 39 否 在50处相遇时交换基准元素
2		4	6	13	15	20	28	39	50	

图 14.13

问题：编写代码以实现快速排序算法。

回答：

步骤 1 确定基准元素。

- 此函数接收 3 个参数：列表（**input_list**）、要排序列表的起点（**first**）和结束（**last**）索引。
- 获取 **input_list**。**pivot = input_list [last]**，将基准元素设置为列表的最后一个值。
- 将左指针 **left_pointer** 设置为第一个元素。
- 因为最后一个元素是基准元素，所以将右指针 **right_pointer** 设置为倒数第二个元素 **last −1**。
- 将 **pivot_flag** 设置为 True。
- 当 **pivot_flag** 为 True 时执行以下操作。
    ◆ 如果左指针处的值大于基准元素且右指针处的值小于基准元素，则交换左右指针处的值并将左指针 **left_pointer** 加 1，将右指针 **right_pointer** 减 1。
    ◆ 如果左右指针处的值均大于基准元素，则只减少右指针 **right_pointer**。
    ◆ 如果左右指针处的值均小于基准元素，则只增加左指针 **left_pointer**。
    ◆ 如果左指针处的值小于基准元素且右指针处的值大于基准元素，则将左指针 **left_pointer** 加 1，将右指针 **right_pointer** 减 1。
    ◆ 当左指针和右指针在一个元素处相遇时，将该元素与基准元素交换。
    ◆ 当 **left_pointer> = right_pointer** 时，将基准元素的值与左指针处的元素交换，将 **pivot_flag** 设置为 False。

```
def find_pivot(input_list, first,last):
    pivot = input_list[last]
    print("基准元素为", pivot)
    left_pointer = first
    print("左指针：", left_pointer, "  ",input_list[left_pointer])
    right_pointer = last-1
    print("右指针：", right_pointer, "  ",input_list[right_pointer])
    pivot_flag = True

    while pivot_flag:
        if input_list[left_pointer]>pivot:
            if input_list[right_pointer]<pivot:
```

```
                temp = input_list[right_pointer]
                input_list[right_pointer]=input_list[left_pointer]
                input_list[left_pointer]= temp
                right_pointer = right_pointer-1
                left_pointer = left_pointer+1

            else:
                right_pointer = right_pointer-1
        else:
            left_pointer = left_pointer+1
            right_pointer = right_pointer-1
        if left_pointer >= right_pointer:
            temp = input_list[last]
            input_list[last] = input_list[left_pointer]
            input_list[left_pointer] = temp
            pivot_flag = False
print(left_pointer)
return left_pointer
```

步骤 2 定义 **quicksort(input_list)** 函数。
- 此函数将列表作为输入。
- 确定用于排序的起点（0）和终点（**length_of_the_list-1**）。
- 调用 **qsHelper()** 函数。

```
def quickSort(input_list):
    first = 0
    last = len(input_list)-1
    qsHelper(input_list,first,last)
```

步骤 3 定义 **qsHelper()** 函数。

qsHelper() 函数的作用是检查 **first** 索引值和 **last** 索引值。该函数是一个递归函数，其调用 **find_pivot** 方法，将左标记的索引值加 1 而右标记的索引值减 1。只要左标记的索引值（在这种情况下是参数 **first**）小于右标记的索引值（在这种情况下是参数 **last**），就执行 while 循环，其中 **qsHelper** 发现新的基准元素，创建左右分区并调用自身。

```
def qsHelper(input_list,first,last):
    if first<last:
        partition = find_pivot(input_list,first,last)
        qsHelper(input_list,first,partition-1)
        qsHelper(input_list,partition+1,last)
```

代码如下。

```
def find_pivot(input_list, first,last):
    pivot = input_list[last]
    left_pointer = first
    right_pointer = last-1
    pivot_flag = True
```

```
            while pivot_flag:
                if input_list[left_pointer]>pivot:
                    if input_list[right_pointer]<pivot:
                        temp = input_list[right_pointer]
                        input_list[right_pointer]=input_list[left_pointer]
                        input_list[left_pointer]= temp

                        right_pointer = right_pointer-1
                        left_pointer = left_pointer+1
                    else:
                        right_pointer = right_pointer-1

                else:
                    if input_list[right_pointer]<pivot:
                        left_pointer = left_pointer+1
                    else:
                        left_pointer = left_pointer+1
                        right_pointer = right_pointer-1
                if left_pointer >= right_pointer:
                    temp = input_list[last]
                    input_list[last] = input_list[left_pointer]
                    input_list[left_pointer] = temp
                    pivot_flag = False
        return left_pointer
def quickSort(input_list):
    first = 0
    last = len(input_list)-1
    qsHelper(input_list,first,last)

def qsHelper(input_list,first,last):
    if first<last:
        partition = find_pivot(input_list,first,last)
        qsHelper(input_list,first,partition-1)
        qsHelper(input_list,partition+1,last)
```

执行代码。

```
input_list=[15,39,4,20,50,6,28,2,13]
quickSort(input_list)
print(input_list)
```

输出结果如下。

```
[2, 4, 6, 13, 15, 20, 28, 39, 50]
```